Adventures in Architecture for Kids

给孩子的
建筑设计
实验室

陈启豪 著

李 淳 高 爽 译

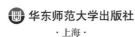 华东师范大学出版社

·上海·

目 录

004

前　言

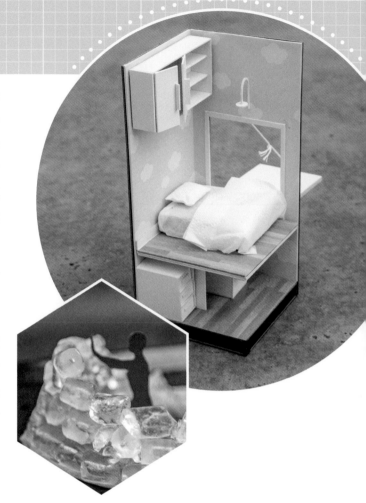

　　"建筑"一词来源于希腊语"arkhitekton"，意思是"建造大师"或"首席创作者"。本书通过循序渐进的过程，培养你的艺术感受力和科学思维，使你能够设计出自己的建筑。你将学到如何画出按比例缩小的建筑图纸，以及如何制作出按比例缩小的建筑模型，也可以学习如何通过创意的想象和规划来解决实际问题。

　　建筑师的工作是艺术与科学的结合，他们不仅造出一座房子，更通过建筑设计解决世界上的各种问题，其中包括气候变化、污染、不平等的社会问题。本书提供的实验项目从基础的概念起步，逐步提高难度，引导你通过风、水、光和植物等不同的自然元素来解决多样的世界性难题，例如住房问题、能源短缺问题以及食物匮乏问题。本书中的许多想法来源于世界各地建筑师们的创意，你将有机会从不同的历史和文化角度来学习如何建造满足当地人需求的建筑。

开启你的建筑之旅

　　当你着手进行本书中的每个实验时，只需要按照我们提供的步骤来操作即可。在这一过程中，我们还将为你提供与数学、工程、历史、社会学、自然科学和勘测有关的额外知识，以帮助你更好地建造。了解众多研究领域的基础知识有助于提高你的建造水平。

　　在完成实验的过程中，希望你不要浪费任何实验材料。你所做的实验都非常有价值，所以在制作过程中使用的实验材料也非常宝贵。希望你发挥创造力，选择使用可回收和可再利用的材料进行创作。你可以在家附近的超市或商店买到所需的实验材料。在你完成实验任务之后，请妥善保管作品以方便展示，也可以在展示后拆解作品并尽可能地回收这些材料。我们希望能促进循环经济的发展，不要在学习的过程中制造额外的垃圾。

建议使用

- 废旧材料，如废纸或使用过的硬纸板
- 天然的或可生物降解的材料，如意大利面或树枝
- 可回收和可再利用的材料

避免使用

- 塑料，如胶带、吸管等，以及任何一次性的材料

回收再利用

- 当你拆解已完成的作品时，请回收实验材料并再次利用

每个实验都可以在2～3小时内完成，我们建议你多花些时间来反思和改进最初的方案。在实验过程中，不要害怕拆除不如意的部分，你甚至可以完全重建直到获得满意的结果。勇于尝试会帮助你做出更好的设计，当然有时也会导致更糟糕的结果，不过这都没有关系！反复尝试并完善设计方案正是一种名为"迭代设计"的设计方式。迭代的过程很重要，通过迭代，你可以积累知识和经验。每个实验都可以由你独立完成，或者和团队共同完成，又或者和你的朋友来场比试。注意观察和倾听你的队友是如何解决问题的，因为每个人的思考方式不同，你可以学到其他人的技术和方法，这对你以后的工作很有帮助。在每次实验结束后，比较每种方法和最后结果的优劣，试着从每个解决方案中找出最值得学习的元素和需要避免的教训。成功固然美好，但也要记住，即使你做出的是一件糟糕的设计作品，它也能教会你在下一次设计中不再重蹈覆辙。

你想成为建筑师吗？

有些小读者可能会在未来成为建筑师、设计师或规划师，但无论你们将来追求什么样的职业发展，从本书中学到的经验都会帮助你成为富有创造力的领导者。创新的想法可以帮助你搭建起如何观察、设计、重新思考挑战性问题并找到解决方案的基本框架。

同样重要的是，每个人都必须在建筑环境中生活、工作和娱乐。你对自己居住的空间了解得越多，就越能产生共情并理解他人。当你依据实验方案进行建造时，你会与同学、朋友合作，向他们学习，你们会在共同工作中一起创造更美好的未来。

1 普通建筑

你会绘图和搭建吗？这些都是建筑师需要具备的基本技能。我们将通过6个实验来测试和加强你在绘图、测量和制作建筑模型方面的技能。

建造过程需要运用很多知识，特别是当你在团队中工作时，每位团队成员都必须了解关于设计和某些概念的基础知识。建筑师通常会一起工作、一起设计蓝图，这些蓝图承载着由全体团队成员记录和分享的关于项目的基础知识。

在本单元中，你将学到关于比例、符号和方向的相关知识。这些知识能帮助你绘制出一幅地图或平面图，使你可以在不依赖语言文字的情况下，通过图纸与其他人分享建筑的相关信息。

实验1 绘制你家的平面图

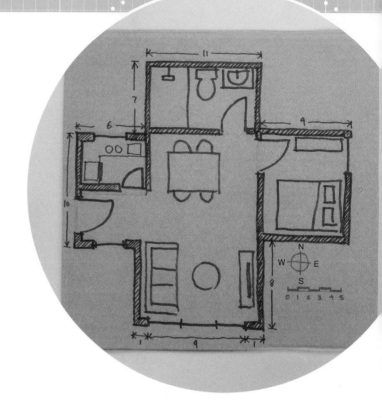

建筑师在开始工作之前，需要了解建筑用地，这个过程被称为"勘测"。建筑师通过对场地的勘测来收集基础信息，明确项目中存在什么样的挑战，具备哪些机会。勘测后需要将这些条件记录下来，在设计过程中将其纳入考虑，例如场地中存在很难闻的气味，或者附近的墙面上有很夸张的颜色。

在本实验中，你要测量你的家，记录下它的长度、宽度和高度。然后画出一张轮廓图，用它来代表你家的尺寸以及不同空间的用途。这种勘测及绘图的方法有助于确保所设计的东西尺寸正确。

实验材料

→ 卷尺

→ 直尺

→ 一大张卡纸

→ 铅笔和橡皮

→ 2支记号笔（黑色和红色）

→ 2支不同颜色的彩色铅笔

→ 三棱比例尺或扇形比例尺（规格为1：50和1：20）①

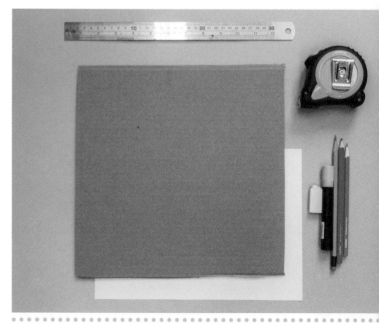

---

① 比例尺是建筑、设计和测绘行业绘制平面图、设计图和地图等图纸时使用的工具，方便绘图人员在不借助计算器等工具的情况下，精确地在面积有限的图纸上绘制大尺寸物体按比例缩小的图形，或测量图上形状所对应的现实中物体的大小。（编者注）

实验步骤

① 平面图是建筑师与工程师、客户和使用者分享建筑信息的通用语言，通过绘制平面图来表现三维立体的世界。为了能够将三维立体的房间转化成平面图，需要使用特殊的尺度。右图（图1）展示了如何将一些日常物体的三维图像转化成平面图。注意图中物体的长度、宽度和高度的表现方式。

② 建筑平面图是一种俯视图。它包括尺寸标注以及用来表示物体（比如门、窗户、桌子和洗手池）的特殊符号。（图2A、图2B）

③ 绘制一张你家的平面图，你需要先测量你家空间里最长的一条边，这将帮助你了解这个空间的大概尺寸。如果测量结果是12米，可以尝试计算12米在1：20和1：50两种比例的情况下分别是多长，看看哪一种长度更适合画在一张大小为30厘米×30厘米的纸上。

1：20比例

• 纸上的1毫米相当于实际的20毫米。
• 纸上的600毫米（60厘米）相当于实际的12000毫米（12米）。

1：50比例

• 纸上的1毫米相当于实际的50毫米。
• 纸上的240毫米（24厘米）相当于实际的12000毫米（12米）。

两相比较，实际空间的12米长度更适合以1：50的比例画在尺寸为30厘米×30厘米的纸上。

（下一页继续）

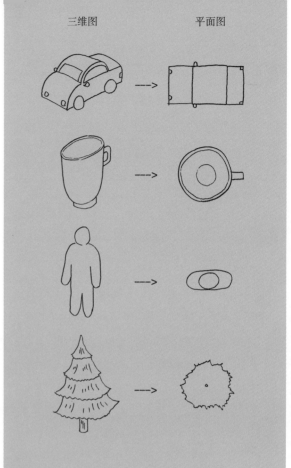

三维图　　　　　平面图

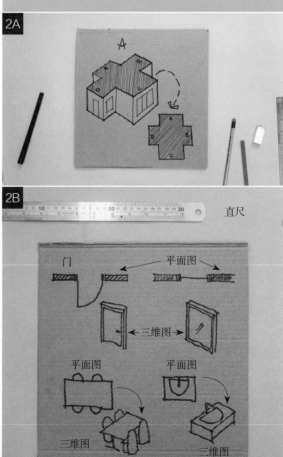

2A

2B　　　　　　　　　　　　　　　　直尺

4 从某个墙角开始测量一个房间。把卷尺放在地上，将它的初始端紧紧地贴在墙角处，让你的朋友帮忙固定住这个位置。然后沿墙边将尺子拉出，直至这面墙的另一个墙角处停下，确保尺子始终平直。记录下这个长度。重复这一步骤以测量出这个房间的宽度。（图3）

5 绘制这个房间的平面图：以1：50的比例在一张30厘米×30厘米的卡纸上绘出平面图。

6 取房间的长度数值除以50，得出需要在纸上画出的符合比例的长度。用铅笔和尺子在纸上轻轻画一条符合比例关系的线段。例如，长度为2000毫米（2米）的墙体画在纸上就是一条长40毫米的线段。

7 取房间的宽度数值除以50，在纸上轻轻画一条符合比例关系的线段，且与步骤6中的线段组成墙角。（图4）

8 测量门的宽度，然后量出门到墙角的距离，再用代表门的标识符号在平面图上标出每扇门的位置。

9 测量窗的宽度，再量出窗到墙角的距离，用代表窗的标识符号在平面图上标出窗的位置。用同样的方式测量并绘制出房间中的其他物体，例如桌子、椅子等。（图5）

10 在你完成整个房间的测量和绘制后，可以用记号笔加粗墙体的标识符号。（图6A、图6B）

11 接着测量和记录房间的高度。

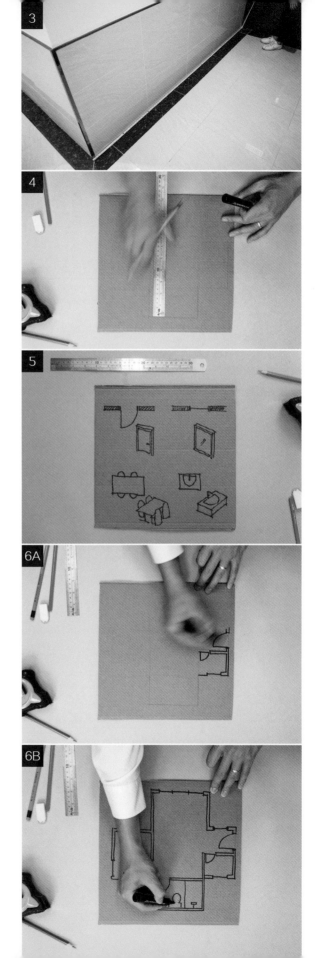

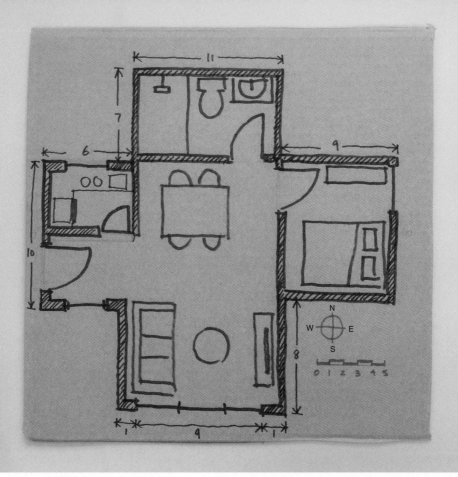

12 用同样的方法测量和绘制其他房间，最终完成一张完整的平面图。如果你家有多个楼层，那就为每一个楼层绘制一张平面图。

13 这一步可选做：在你加粗了平面图上代表墙体的线条之后，可以在每个房间的中间位置写上这个房间的名称。也可以记下你观察到的关于每个房间的任何重要信息。比如，墙上是否有大开窗，是否有阳光充足的角落，或者房间里是否有一间小厨房。

14 祝贺你！你已经完成了第一张建筑平面图。（图7）

✔ **给成人的提示：** 绘制二维平面图是将三维立体世界转化为可用的平面图的基本技能。让孩子理解比例、尺寸以及我们与周围世界的物理关系是非常重要的。这个实验可以帮助孩子思考人们对空间的使用方式。因此，可以尝试和孩子探讨人们对建筑的不同需求，从而理解建筑如何为每个人提供便捷的可达性。例如，使用轮椅的人需要更宽敞的空间以方便他们进入某个场所、打开一扇门以及在房间里穿行。

实验2 搭建你家的三维立体模型

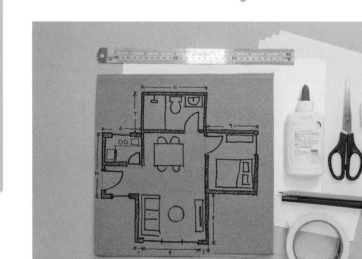

模型是一种工具，用来测试你的概念和想法。我们常使用模型和图纸来更清晰、全面地展示空间建成后的样子。你将以在实验1中绘制的平面图为基础，搭建出模型，为每个房间加上墙壁、门、窗户和家具。最终，你将拥有一个你家的三维微缩模型。

制作模型需要一些特殊的技能，才能让每一片卡纸都准确地立在底板上。在本书的许多实验中，你都会用到这种技能。

实验材料

→ 平面图（实验1中绘制的平面图）

→ 卡纸

→ 铅笔

→ 直尺

→ 橡皮

→ 用于制作家具的彩纸（可选）

→ 美工刀或雕刻笔刀

→ 剪刀

→ 双面胶

→ 白胶

实验步骤

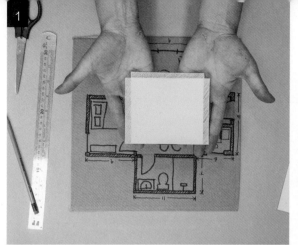

① 以你在实验1中绘制的二维平面图作为三维立体模型的基础。你可以直接在平面图的卡纸上搭建墙体。

② 从你的平面图中选择一面没有门窗的墙体。用尺子在卡纸上画出一个与此面墙体的高度和长度一样的长方形。在这个长方形的底边和侧边上再额外留出一处窄边，窄边的宽度与手指的宽度差不多。你将利用这些窄边把这面墙体粘在平面图上，因此在制作窄边的时候要格外小心，不要剪掉窄边。（图1）

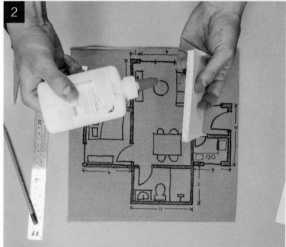

③ 沿着窄边折叠，使墙体和窄边成直角。将胶水轻轻地涂在墙体底部的窄边上，不要涂得太多，否则会让卡纸变得潮湿，从而使建筑形态发生扭曲。小心地将墙体粘贴在平面图上。（图2）

④ 挑选一面带窗户的墙体，用步骤2的方式将其画下来，按照你测量的尺寸比例，在平面墙体上画上窗户。使用剪刀或美工刀剪裁墙体的时候要小心，不要把墙体剪坏了。（图3）

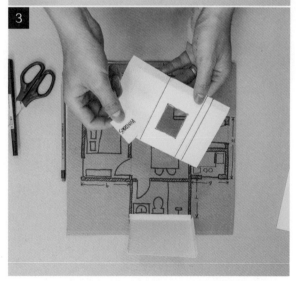

（下一页继续）

普通建筑

搭建你家的三维立体模型

⑤ 为了减少需要涂抹胶水的地方，你也可以剪出更长的长方形作为相邻的若干面墙体，然后将其折叠，折出墙体之间的墙角。（图4A～图4D）

⑥ 剪裁好所有墙体之后，将其贴在平面图上。确保所有墙体可以独立、垂直地站立在平面图上，且墙角都呈直角并整齐地相互连接。（图5）

⑦ 在完成墙体后，用不同颜色的纸制作家具模型。图6A与图6B是桌子、椅子和沙发的制作案例。

 给成人的提示： 当孩子将他们的二维平面图扩展成立体模型时，他们学会了观察环境并将其创造出来。他们会看到自己的平面图得到了进一步发展，同时通过三维立体建模的过程来发现新的问题。欣赏自己制作的模型作品，可能会让孩子发现一些过去不了解的关于自己家的新信息。

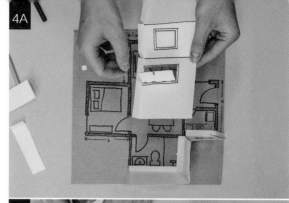

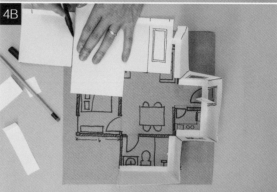

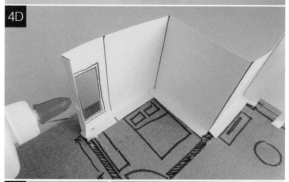

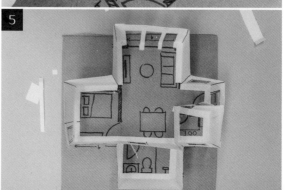

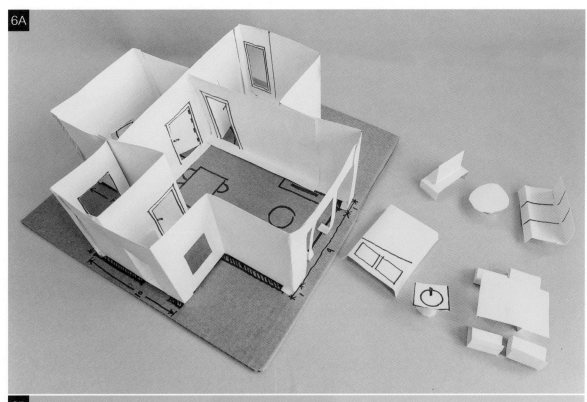

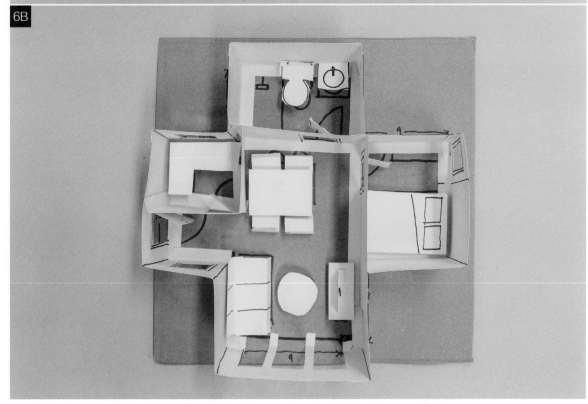

实验3 意大利面房子

意大利面与建筑材料在很多方面有着惊人的相似之处。它有多种不同的尺寸，我们可以用想象力将它们整合在一起，建造一座自己的房子。在本实验中，我们将使用意大利面作为建筑结构上的梁和柱子，还可以使用面粉和水将梁与柱子粘在一起。

在你建造意大利面房子的时候，你将学习使用可生物降解[①]和无毒的环境友好型材料来设计和建造，还可以在作品完成后把使用的材料都煮熟并吃掉。

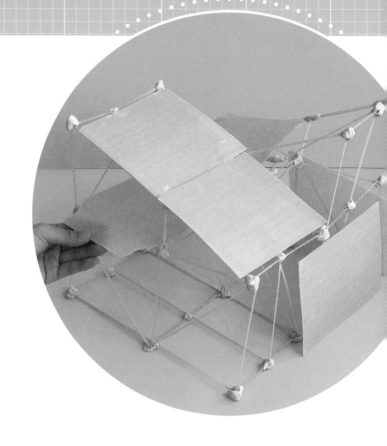

实验材料

→ 1盒意大利面

→ 1盒千层面面皮

→ 1杯（125克）全麦面粉

→ $\frac{1}{2}$ 杯（120毫升）水（如果需要，可根据情况增加）

→ 干净的卡纸或一次性餐盘

---

① 可生物降解材料指可在自然界中，或在堆肥、厌氧或水性培养液等特定条件下，依靠细菌、霉菌和藻类等微生物的作用，最终被完全分解成二氧化碳、甲烷、水等自然元素的材料。（编者注）

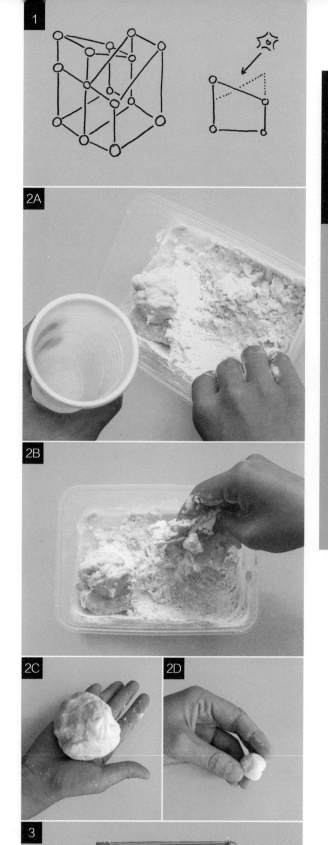

实验步骤

1 测试意大利面的强度：拉一拉、折一折，看看它们可以承受的弯曲程度。然后将一把意大利面放在一起，拉一拉、折一折。你会发现一根意大利面很脆弱，但若干根意大利面在一起就会变得更牢固。在建造意大利面房子的时候，如果发现哪里的结构有点薄弱，就可以添加更多的面条来加固结构。

2 首先画一张平面图：在纸上绘制一个带有双层屋顶的意大利面房子（参见图1中的平面图）。图中的直线代表意大利面，圆球是用来连接面条的面团。

3 将面粉和水混合，揉出一个不太湿也不太粘的面团。在附近放一盆水，如果面团变干，可以随时给面团加点水，以便更容易塑形。搓出直径为2.5厘米的面团，把它们粘在意大利面的两端，就可以按照平面图进行搭建了（图2A ~ 图2D）。

4 用面团把意大利面粘在卡纸或一次性餐盘的底座上。（图3）

（下一页继续）

普通建筑

意大利面房子

5 在面团上增加竖向的意大利面作为支柱，等待面团变干以固定住位置，这将成为一面墙体。在制作过程中请随时参考平面图，用它指导你的搭建工作。（图4A~图4C）

6 用竖向的意大利面当柱子，用横向的意大利面当梁，继续搭建。在一面垂直的墙体上增加一根对角线，以加固墙体（也称为支撑）。这一操作可以帮助加固柱子和横梁，减少它们的晃动。（图5）

7 稳固结构：如果需要的话，可以用更多的意大利面搭建出更粗壮的柱子。尽量少地使用面团，因为使用的面团越多，建筑本身就越重，也就越不容易保持稳固。（图6A、图6B）

8 建造屋顶：注意调整屋顶的角度，确保其稳固。（图7A、图7B）

9 用千层面面皮覆盖屋顶和墙体的结构，为建筑增加屋顶和立面。（图8）

10 欣赏一下你的意大利面房子。把房子拿到户外测试，看看它能否禁得住风吹，根据测试结果再进一步加固房子的结构。（图9）

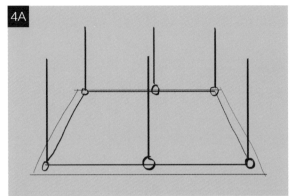

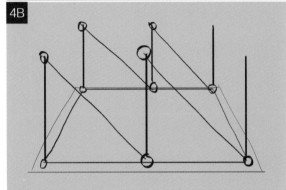

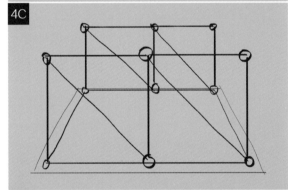

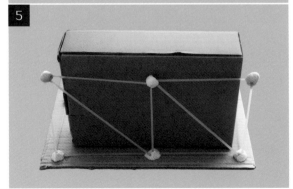

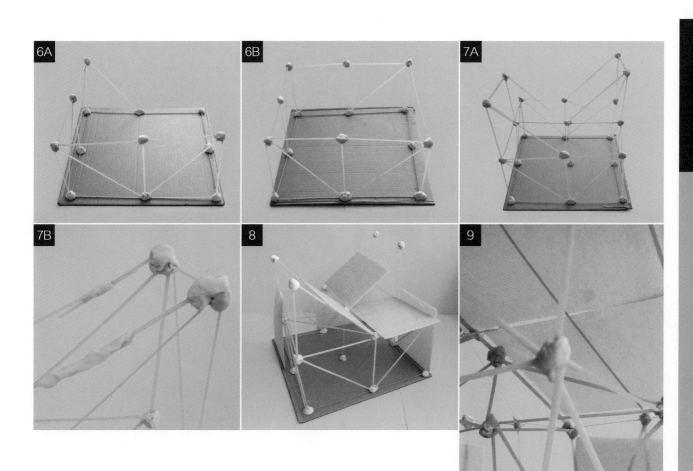

 给成人的提示：这个实验的操作过程可能会
非常混乱。不过好消息是所有的材料都是可
食用的。利用做实验的机会和孩子讨论材料
安全的问题，例如，我们日常生活中使用的
许多材料对人体和环境都是有毒的，可以用
哪些材料来替代呢？

实验4　灵活性和想象力

在本实验中，我们将制作一种**可以折叠成不同物体和空间的三角网格**，它可以被扭曲并转换成为我们想要的各种形状，且无需添加额外的素材。尽可能多地画出你能想到的形状，尝试创造不同的可用空间（比如操场上的秋千、图书馆、公交车站等）。发挥你的想象力，看看如何更好地利用每种空间。

未来，在办公室或家中可以放置一个由机器人控制的三角网格。相较于摆放10件独立的家具，也许我们需要的只是一些可以随时变换成不同形态的三角网格。

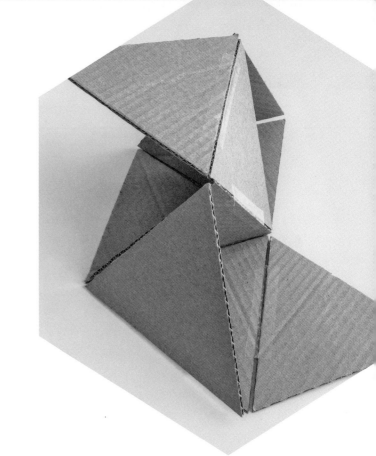

实验材料

→ 瓦楞纸板

→ 铅笔

→ 直尺

→ 量角器（可选）

→ 美工刀或雕刻笔刀

→ 切割垫

→ 透明胶带或纸胶带

实验步骤

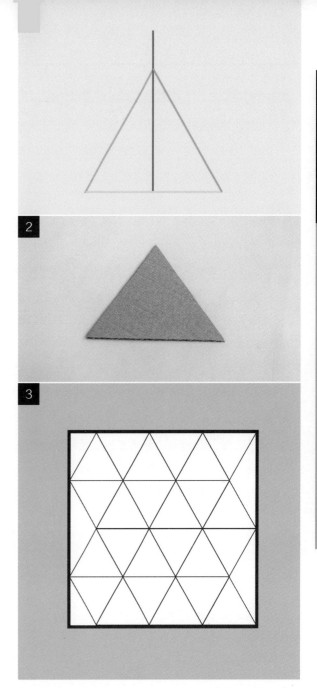

1. 三条边长相等的三角形被称为"等边三角形"。要制作一个完美的等边三角形，三角形的三条边需要相互成60度的夹角。

2. 在一张尺寸为30厘米×30厘米的瓦楞纸板上，用铅笔画一个等边三角形，边长为10厘米。具体步骤为：如图1中的黄色线条所示，先用直尺画一条10厘米长的黄色线段，然后测量黄线的中点，将它平分为两段，每条线段长5厘米。

3. 如图1中的红色线条所示，用铅笔和直尺画一条竖向的红色线段，与黄色线段成直角。

4. 将直尺刻度的起点（0厘米）放在黄色线条的左端，以0厘米刻度处为圆心旋转直尺，直到尺子的10厘米刻度和红线相遇，用蓝色画出长10厘米的左侧斜线。

5. 重复上一步，用绿色画出右侧斜线。以上是用直尺画等边三角形最好的方法。如果有量角器的话，可以检查一下，这些线段之间的夹角是不是60度。

6. 确保你制作的第一个等边三角形的每条边都长10厘米。然后将其剪下来作为模板。（图2）

7. 用模板在瓦楞纸板上描画出10个相同的等边三角形。如果将三角形紧贴着画在一起，就可以最大限度地节省材料。（图3）

（下一页继续）

普通建筑

灵活性和想象力

8 剪下这10个三角形。取其中两个三角形，沿着边用透明胶带将它们粘连在一起。连接的时候，两个三角形的边之间要留有一定的空隙，便于稍后将两个三角形对折。（图4A、图4B）

9 用同样的方法在等边三角形的三条边上都连接上一个三角形。（图5A、图5B）

10 继续把三角形向不同的方向扩展，变成网格。由这个三角网格可以创造出更多的可能性。（图6）

11 利用三角网格可以创造出多少种形状？尽可能多地折叠并绘制出不同的形状。

12 图8B展示了6种不同的折叠形状，可以当作凳子、桌子和帐篷。继续扩展三角网格，创作出更大型的作品。（图7A～图7C）除了三角形，能否用其他的形状来制作？你可以用同样的方法，以长方形来尝试新的可能性。（图8A）

给成人的提示： 用剪刀无法把纸的边缘剪得笔直，特别是瓦楞纸板。通过这个实验，你可以向孩子展示如何使用美工刀和直尺。小心地帮助他们操作工具，以做出更精确的几何形状。

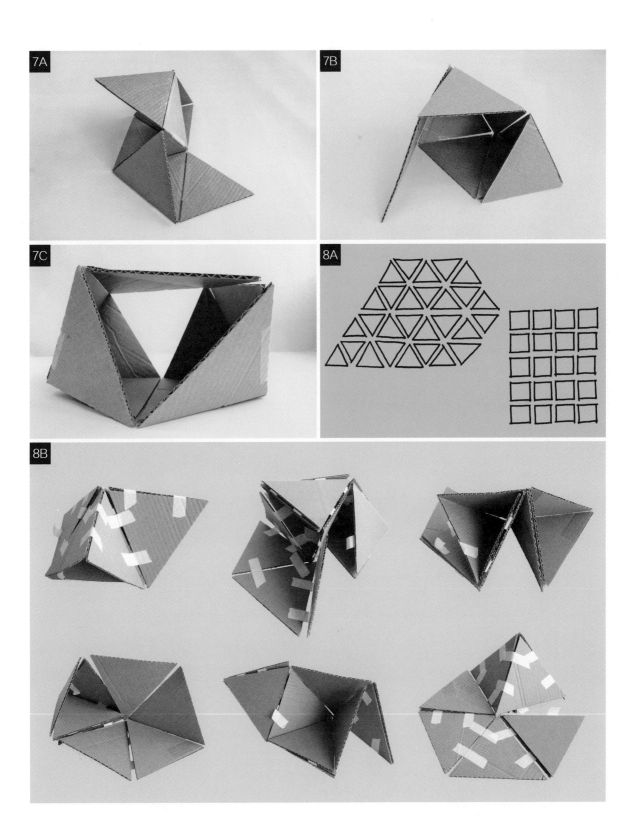

实验5 可移动建筑

可移动建筑正在成为我们建造建筑的重要形式，当人们需要远离强大的自然灾害，比如飓风、龙卷风、火灾和海啸等，这些建筑可以被移动到更安全的地方。可移动建筑能够让我们在不得不搬迁时，依然住在自己喜爱的房子里。

带轮子的房子就是可以移动的，轮子的轴必须位于圆心位置，才能使建筑在移动时保持平稳。在你完成本实验后，请思考如何调整你的设计，以便在人们和建筑面临危险时能够移动建筑。

实验材料

→ 瓦楞纸板（5毫米厚）　→ 牙签

→ 铅笔　→ 圆木棍

→ 美工刀或雕刻笔刀　→ 白胶

→ 3个卷筒纸芯

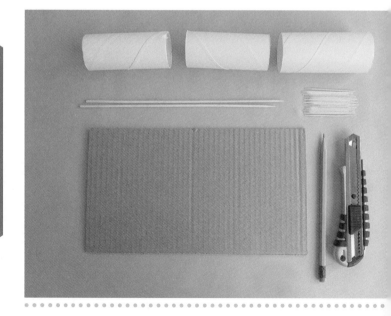

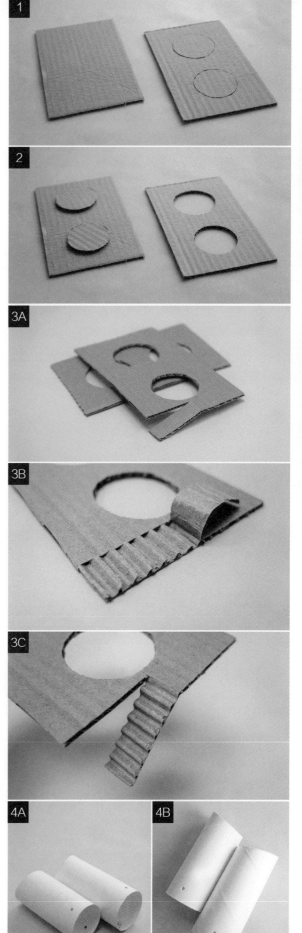

实验步骤

1 在瓦楞纸板上画两个长方形，尺寸为20厘米×12厘米，将它们剪下来。（图1）

2 在两张长方形纸板上用铅笔描画出两个卷筒纸芯的圆形外轮廓（两个圆形轮廓之间需留出一定间距）。将第一张长方形纸板上的圆剪下来，然后作为模板在第二张长方形纸板上描画出同样两个圆形轮廓，确保两张长方形纸板上的圆形位置完全一致。剪下第二张长方形纸板上的圆。（图2）

3 在其中一张长方形纸板上剪出一条长方形"楼梯"，宽1厘米，长6厘米。然后将此条瓦楞纸板表层的纸剥除，剩余的部分向下折，就做出了一个有层级的楼梯。（图3A～图3C）

4 在卷筒纸芯的一端戳两个对称的洞。洞的大小要能让圆木棍穿过。在纸芯上没有戳洞的另一端剪出有角度的斜面。这两个卷筒纸芯将成为可移动建筑的柱子。（图4A、图4B）

（下一页继续）

普通建筑

可移动建筑

5 将第三个卷筒纸芯剪成若干2厘米高的小段。这些较短的纸筒是可移动建筑的轮子。（图5）

6 用牙签对穿轮子，牙签的长度应大于轮子的直径，以方便后续裁剪牙签。（图6）

7 裁剪牙签，使其长度与轮子的直径一致，然后将牙签固定在轮子的内部。（图7）

8 用同样的方法制作完成4个轮子，并尽可能确保轮子是圆形的。（图8）

9 将圆木棍穿过在步骤4中扎出的纸筒柱子的孔洞，再将其粘在步骤6、7中制作的轮子的内部。确保圆木棍被固定在轮子的圆心位置。（图9）

10 将纸筒柱子竖直放置，用有楼梯的长方形纸板穿过柱子，确保柱子的底部高于车轮底部。沿着纸筒柱子与瓦楞纸接触的部位涂一层白胶，将其与长方形纸板固定在一起。（图10）

11 将作为天花板的长方形纸板从上往下穿过纸筒柱子，与下层的长方形纸板距离3厘米。

12 用牙签在两块纸板之间搭出若干三角形结构，它们被称为"桁架"①。（图11）

13 测试一下你的可移动建筑，它的轮子是否可以前后滚动。（图12）

---

① 桁架是建筑学术语，指以特定的方式构成三角形或若干三角形组合的一组构件，用以构成一个刚性构架，使其在受到外力时不易变形。（编者注）

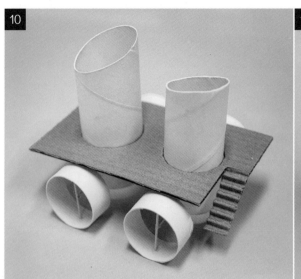

 给成人的提示： 这个实验最具挑战的地方是找到纸筒的圆心，并测量出圆的直径。请向孩子解释圆形的几何原理及其背后的数学逻辑。可以和孩子讨论如何在一个小空间中容纳所有的必需功能（比如厨房、卧室、卫生间、起居室和工作室）。

实验6 材料的明暗

给孩子的建筑设计实验室

色彩影响着我们的感知。深色的表面反射的光较少，会让人感觉空间更小，氛围也更严肃。浅色的表面可以反射较多的光，会令人感觉空间更加宽敞，情绪更愉悦。如果房屋能够正确地使用反光，就可以节约室内电气照明所消耗的能源。

在本实验中，你将通过彩色的房间研究阳光、色彩和空间对使用者的影响。可以在简单的房间里换用不同颜色的纸，观察室内冷暖和明亮度的变化。冷色调（如蓝色、绿色和紫色）会让我们感觉空间中的温度更低，而暖色调（如红色、橙色和黄色）会让我们感觉空间更温暖。你也可以参考光谱分布的相关知识。

实验材料

→ 6张A3尺寸的卡纸（2张白色、1张蓝色、1张绿色、1张黑色、1张橙色）

→ 美工刀或雕刻笔刀

→ 铅笔

→ 直尺

→ 白胶

实验步骤

1. 在白色卡纸上画两个粗壮的L型图案。图案的竖向线条要稍微倾斜一些，这样可以营造更好的反光面。整个图案的尺寸为20厘米高、30厘米宽，将其裁剪下来。两个L型图案的尺寸和形状相同，彼此为镜像。（图1）

2. 在L型卡纸上裁切出窗户，即3厘米×3厘米的平行四边形镂空。开窗后的L型卡纸是建筑的楼板，最宽的边是建筑的底部。（图2）

3. L型卡纸的顶部是屋顶，测量其长度。在其他卡纸上绘制一个长方形，长度为刚才测量的屋顶长度，宽度为15厘米。用同样的方法制作露台。

4. 测量L型卡纸的底部以得到建筑的地板长度。在其他卡纸上绘制并裁切一个长方形，长度为刚才测量的地板长度，宽度为15厘米。

5. 测量L型卡纸的竖向长直线，以获得墙体的高度。在其他卡纸上绘制并裁切一个长方形，长度为刚才测量的高度值，宽度为15厘米。最终获得两个L型卡纸（A、B）作为楼板，以及4个不同尺寸的长方形，分别是屋顶（C）、露台（D）、墙体（F）和地板（E）。（图3A、图3B）

（下一页继续）

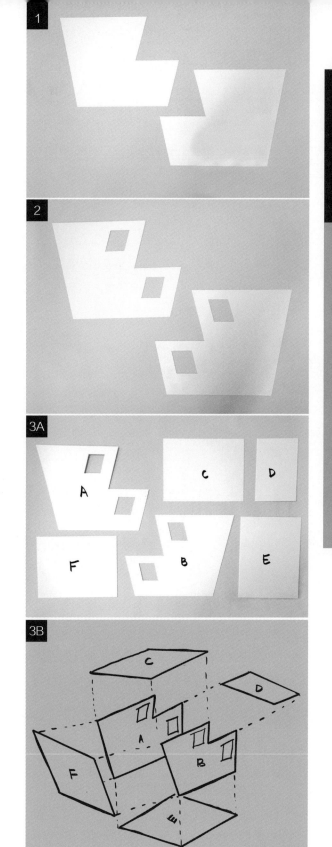

⑥ 在彩色卡纸上用同样的方法绘制地板（E）、露台（D）、屋顶（C）和墙体（F）。彩色卡纸上的图形尺寸比白色卡纸上的图形尺寸缩小2毫米。这样就可以更容易地将彩色卡纸嵌入模型里。（图4）

⑦ 将L型楼板（A）的竖向边缘与墙体（F）的边缘对齐。调整对齐之后，再将L型楼板（A）与地板（E）粘在一起。接下来再粘第二面L型楼板（B）。（图5）

⑧ 将屋顶（C）和露台（D）与步骤7中完成的结构粘在一起。（图6）

⑨ 通过前窗看向室内。在阳光下观察模型，你会看到光线在房间里是如何变化以及如何反射的。（图7）

⑩ 将墙体（F）、露台（D）、屋顶（C）和地板（E）图案的彩色卡纸逐一嵌入模型内部。试试黑色的内色，你会发现整个室内空间几乎都消失了。（图8C）

⑪ 试着用橙色和绿色的卡纸做同样的测试，观察色温的影响。橙色是暖色，绿色是冷色，你可以看到白色的墙体因为光线对彩色墙体的折射变成了浅淡的橙色和绿色。（图8A、图8B）

⑫ 将模型拿到外面，把不同的颜色混在一起插入模型内部，看看暖色和冷色如何营造出一个在色温上恰到好处的空间。观察光线如何从露台反射到室内。在许多国家，人们会给屋顶涂上白色的墙漆，以便将阳光更多地反射到室内，同时减少正下方空间的热量供给。（图9）

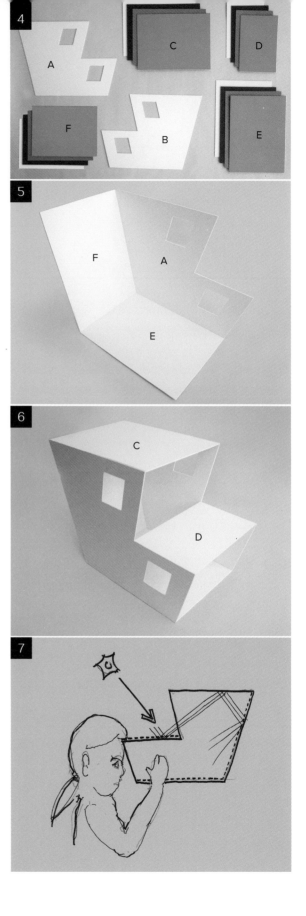

13 如果露台上方覆盖绿色，能帮助建筑减少热量的获取。绿植可以吸收热量，绿色可以帮助室内反射掉阳光，创造出一个凉爽的室内环境。

注意： 制作两个尺寸和形状完全相同的L型图案的最好办法是，先画出一个，将其从卡纸上剪下，然后反转扣在另一张白色卡纸上，沿轮廓描边，再剪下第二个图案。

 给成人的提示： 暖色调适用于聚会空间，而冷色调则适用于人们想让其降温的地方。和孩子讨论自己家里使用的不同颜色，这些颜色给人的感觉如何？如果想要改善空间的透光性，该怎样重新粉刷空间内部呢？

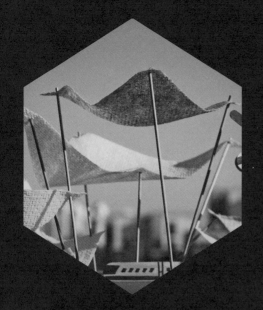

2 建筑与历史

现在，你已经掌握了基本的搭建模型的技能，接下来就要学习更多关于建筑和建筑史的知识。世界各地的建筑有不同的形式和功能，反映了当地的文化、材料、气候和居住在那里的人们的生活方式。

使用当地的建筑材料有助于减少碳足迹①，是可持续的建筑方式。运输材料需要很多的资源，而使用本地区的现有材料更具有可持续性，也不容易产生浪费。使用本地材料还可以帮助你创造出具有本地特色的建筑。

建筑师的工作会涉及水、光和空气。我们需要平衡每种元素，为室内降温，并控制建筑内的气流，使人们获得舒适和健康的环境。我们可以使用自然元素改善建筑设计的效果，例如，通过增加水流的声音或引入更多的光线等方式刺激人们的感官。正如本单元中涉及的问题，有时候设计还必须考虑海平面上升的现实问题，或者找到改善室内空气质量的创新方法。

---

① 碳足迹指个人或企业的"碳耗用量"。其中"碳"就是石油、煤炭、木材等由碳元素构成的自然资源，碳耗用得多，导致全球变暖的元凶"二氧化碳"也制造得多。（编者注）

实验7 用植物建造的本土建筑

热带地区的建筑通常有更多通向户外的开窗，经常用植物作为建筑材料。本实验将带你了解使用树叶和树枝建造房子的整个流程。

通过本实验，你将了解如何以手工的方式建造传统建筑。我们将制作一个简化版的房子，暂时不包括墙壁。可持续性设计的关键是学习使用我们身边的材料。使用当地的天然材料可以减少运输成本和运输过程中消耗的能源，还可以重新学习一些古老、传统的建造方法。

实验材料

→ 天然麻绳（1.5毫米粗）

→ 木棍

→ 铅笔

→ 美工刀

→ 剪刀

→ 白胶

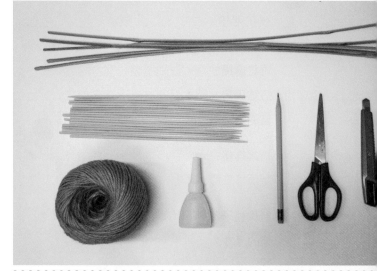

实验步骤

1 从屋顶开始制作。将麻绳剪成100段，每段10厘米长，取其中80段麻绳，将每根麻绳上交织在一起的股线拆松。（图1）再从80段拆松的麻绳中继续取一小半麻绳，继续拆开，得到一堆松散的纤维。

2 现在你应该有：
- 20段10厘米长的麻绳（不分股）
- 40段拆松的短麻绳
- 一堆完全拆松散的麻绳纤维（图2）

3 用拆松散的麻绳纤维覆盖屋顶。用拆松的短麻绳绑住这些麻绳纤维。

4 切割出60根木棍，每根长12厘米。每30根排成一排，用白胶粘合在一起，最终形成两排粘在一起的木排。（图3）

5 在木排的顶部添加两根木棍，木棍的长度与木排的宽度一致。将木棍垂直于木排，粘在距离上下边缘约3厘米的地方。（图4）

6 用一根12厘米长的木棍作为屋顶结构的中心，放在两排木排中间。如图5所示，取两根麻绳，在这根位于中间的木棍的两端各绕一圈，再将麻绳的两头分别绕过一侧木排后系在一起打结固定，使木棍与木排连接在一起。对另一侧的木排重复此步骤。（图5）

7 抬起连接在一起的双木排，这就是屋顶。确保屋顶呈三角形结构，可以站立在平面上。（图6）

8 制作柱子和梁：用木棍做一个长方形框架，框架的尺寸为15厘米×8厘米。

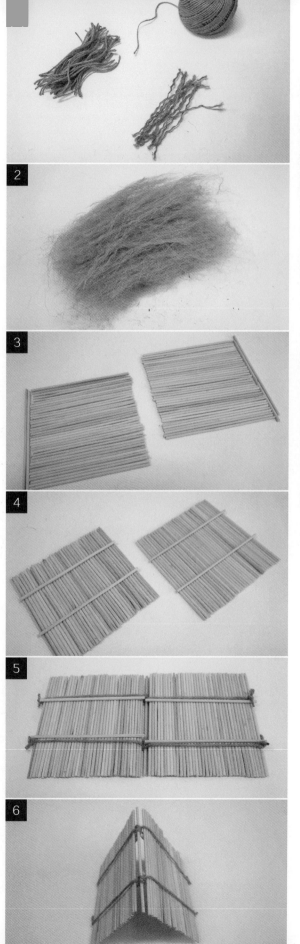

（下一页继续）

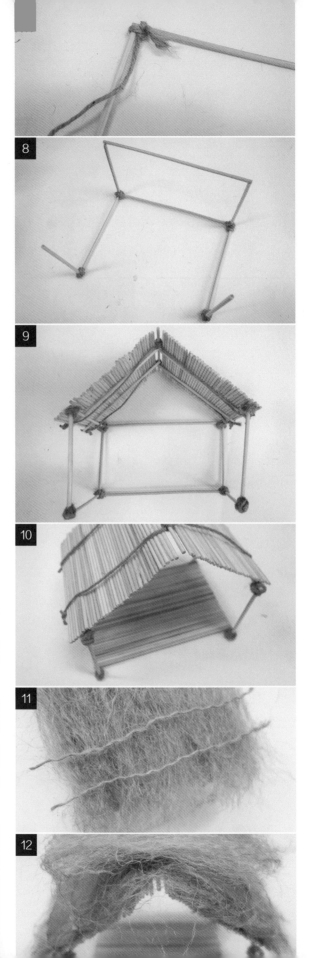

⑨ 用麻绳或白胶将长方形框架固定住。（图7）

⑩ 把长方形框架竖立起来，在长边的两端用12厘米长的木棍延伸其底部，并将木棍绑在长方形框架上。在延伸出来的木棍的另一端再增加两根长8厘米的竖向木棍。（图8）

⑪ 在延伸出来的框架上再加两根横向木棍，与原有的竖向长方形框架连接。将完成的柱子结构与步骤7中完成的屋顶结构连接。通过麻绳将屋顶结构的底部固定在柱子结构上，将屋顶和柱子的4个角绑在一起。（图9）

⑫ 现在，你的房子应该能够依靠4根柱子站起来了。

⑬ 将一排15厘米长的木棍粘在一起组成木排。将此木排当作底板，盖在柱子结构的底部框架上。（图10）

碳足迹： 如今，找到来自世界各地的建筑材料非常容易。但使用远道而来的材料，需要将材料运输到本地，在这个过程中就无法避免使用化石燃料，从而造成巨大的碳足迹或温室气体排放。为了创作更加生态友好型的设计，我们要注意材料是来自何处的，以及使用这些材料会有哪些积极和消极的影响。

14 在屋顶的顶部涂上白胶，在屋顶上方粘贴一层麻绳纤维，厚度约1厘米。

15 任何未被粘牢的麻绳纤维都会散开，因此可以在纤维上粘两根麻绳，用来把纤维都固定住。（图11）

16 在屋顶的中心位置再覆盖一层麻绳纤维。在这一层纤维的底部抹上白胶，将其粘在第一层纤维的上面。（图12）

17 在另一根12厘米长的木棍上涂白胶，将麻绳缠绕在木棍上。用其作为屋脊，将屋顶的两边固定在一起。（图13）

18 将屋脊粘在三角屋顶的顶部（麻绳纤维上方）。

19 在4根柱子上分别涂白胶，用麻绳缠绕，以保护其免受天气的腐蚀。（图14）

20 在柱子的横梁上挂上更多的麻绳作为屏风，用来封闭建筑的侧面。（图15）

21 在风中测试你的建筑，看看屋顶有何反应。它是否会散开？如果会，请在松动的部位涂上更多白胶。然后再次进行测试。（图16）

 给成人的提示： 如今，我们看到在全世界很多地方，传统的建造方法有复兴的趋势。这些方法使用本地化、低影响的材料，例如石块或晒干的砖块、当地的木材和竹子框架、茅草屋顶或由翻转的陶罐制成的隔热屋顶，以及由夯土、鹅卵石或石头制成的地板。练习使用这些材料，探索你所在地区的建筑材料和建造方式。

实验8 用冰建造的本土建筑

用冰来建造可以帮助你重新思考建筑是什
么。在本实验中，你将用冰块搭建墙，它将成为
一座冰屋的基础。冰雪建筑不会永远存在，但是
这样的临时建筑在某些特定情况下可能是一个不
错的想法。居住在加拿大的北极中部和格陵兰岛
的图勒地区的人们，传统上会建造冰屋作为临时
住所或庇护所。想一想，人们是如何将水和冰转
变成临时住房和学校的呢？

实验材料

→ 金属或塑料材质的托盘

→ 纸巾

→ 1袋冰块

→ 盐

实验步骤

1 如果使用塑料托盘，请提前把托盘放在冰箱里降温，这样能够使托盘中的冰块保持更长时间不融化。用纸巾为即将建造的冰屋做一个圆形底盘，放在托盘中。（图1A～图1C）

2 在纸巾圆盘的边缘撒上一些盐。盐可以像胶水一样粘住冰块。在建造过程中，可以在冰块的顶部加盐，以确保下层冰块能与上层冰块粘在一起。

3 将第一层冰块沿着纸巾圆盘的边缘放置。（图2）

4 用差不多大小的冰块，将纸巾圆盘边缘80%的空间填满，留出20%的空间作为走廊。（图3A、图3B）

（下一页继续）

给成人的提示：冰块的表面很滑，可能很难控制。要想让冰块堆积起来，需要一些练习。在一个足够冷的地方操作，这样冰块就不会融化得太快。你还需要避免阳光直射，并做好快速工作的准备。如果你生活在寒冷的气候中，可以在户外做这个练习。如果冰块开始融化，可以把你正在建造的半成品放进冰箱里保存。

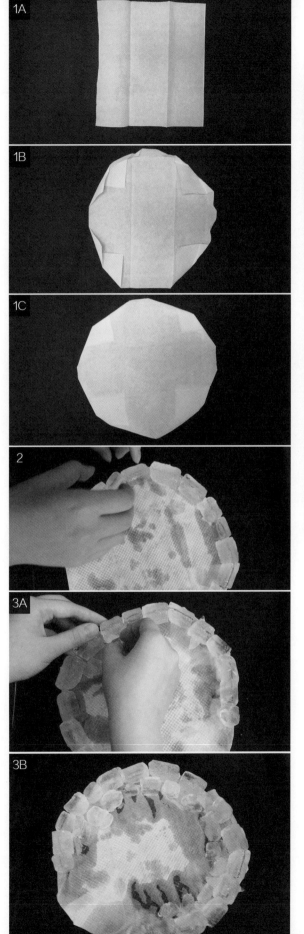

5 在第一层冰墙上放置第二层冰块。试着找到合适的平衡位置和合适的冰块尺寸，避免冰块滑落，且与下一层能够很好地贴合。如果每一层都稍微向中心倾斜一点，冰墙将会更加稳固。（图4）

6 你可能需要让冰块倾斜一定角度，且相互交错排列。整个操作要求动作迅速和稳定。撒一层浅浅的食盐，可以减缓冰块融化的速度。（图5）

7 再加第三层冰块。当墙变高，会更容易倒塌。你需要填补大冰块之间的空隙以增强其稳定性。（图6A～图6C）

8 到第四层时，墙体将非常不稳定。如果你的冰箱很大，可以先把正在搭建的冰屋放到冰箱中冷冻固定。如果冰屋的情况还好，可以继续搭建第四层。（图7）

9 继续下去，直到你完成冰屋的穹顶。（图8A、图8B）

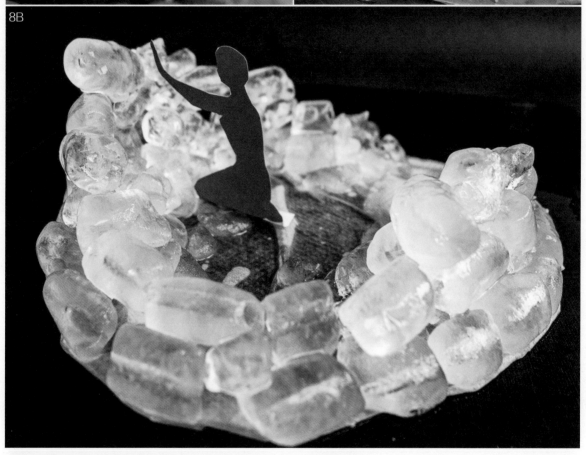

 给成人的提示： 如果在你生活的地方很难使用冰块，也可以用方糖代替。注意，冰屋的屋顶是半圆形的穹顶。

实验9 用水做设计

　　许多传统的房屋都有内部的院子和花园。我们将学习建造一个概念性的模型，它的**屋顶上有雨水收集系统**，用于冷却房屋的内部空间，这在炎热干旱的气候中特别有用。位于中层的水还可以成为养鱼池塘或植物种植区域。

　　本实验示范了传统建筑控制水循环的绝妙设计。如今，塑料用品已经不再流行，但由于其具有耐久性，在防水工程中仍被大量使用。在你完成这个实验后，想一想，如何重新利用不需要的塑料来控制水流。

实验材料

- → 瓦楞纸板（2毫米厚）
- → 直尺
- → 美工刀
- → 记号笔
- → 铅笔
- → 透明胶带
- → 绿豆种子
- → 泥土
- → 废弃的塑料袋

实验步骤

1 首先制作一个收集水的托盘：在卡纸上剪出一个正方形底座，尺寸为12厘米×12厘米；然后裁出4条边，高度为3厘米；把裁出的卡纸粘在一起，组成托盘。（图1）

2 在托盘的内侧贴上透明胶带，使其防水。（图2A、图2B）

3 制作一个可以支撑屋顶的框架：剪下8块尺寸为30厘米×2厘米的瓦楞纸板。（图3）

4 将其中2块放在托盘下方，组成X形，粘在托盘底部。（图4A~图4C）

（下一页继续）

 给成人的提示： 许多城市的排水系统盲目追求高效，雨水被引向远方而没有用来灌溉植物，灌溉植物反而需额外使用饮用水。可持续发展的城市应该被设计成一块海绵，收集雨水供当地使用。传统的屋顶设计、绿色屋顶、生物水沟、蓄水池都为雨水管理提供了有用的技术支持。

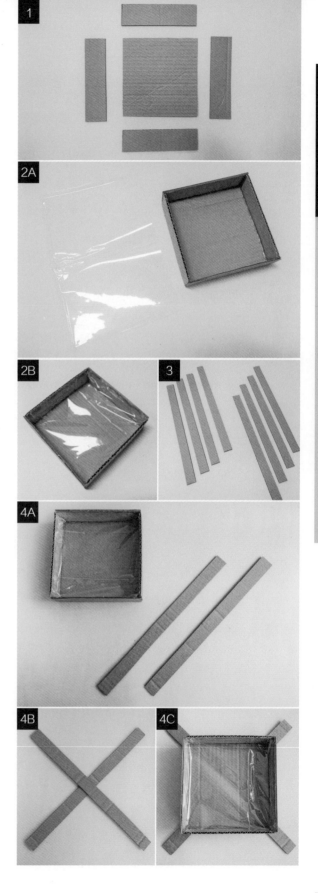

用水做设计

5 用另外4块切割好的瓦楞纸板组成屋顶顶部的正方形框架。用1块5厘米长的瓦楞纸板作为连接件。（图5）

6 裁剪4块10厘米长的瓦楞纸板，在纸板的一条边上剪出一个斜角。每块瓦楞纸板剪出的角度相同。将这4块纸板的斜面粘贴在长方形框架的角上。（图6）

7 制作一个正方形底座，与顶层框架的内部尺寸相同，从中间剪开。（图7）

8 将较小的正方形框架粘贴在较大的正方形框架的支架上。（图8）

9 用4块30厘米长和4块5厘米长的瓦楞纸板组成柱子。（图9）

10 将5厘米长的瓦楞纸板折成两半，将其连接到X形框架上。（图10）

11 将柱子连接到折叠好的瓦楞纸板上。（图11）

12 将柱子连接到顶部的正方形框架上作为基础结构。（图12）

13 在托盘中放入泥土和种子。（图13）

14 将塑料袋剪成正方形，中间是一个较小的正方形，尺寸与屋顶结构相当。（图14）

15 在塑料袋上画出屋顶的尺寸。（图15）

16 下雨天的时候，把你的模型放在户外。观察屋顶是如何收集雨水并使雨水流入托盘中，从而为植物提供用水的。这种设计方式在炎热和干旱的地区很受欢迎。倾斜的屋顶有助于将所有的雨水汇集到一处地方。（图16）

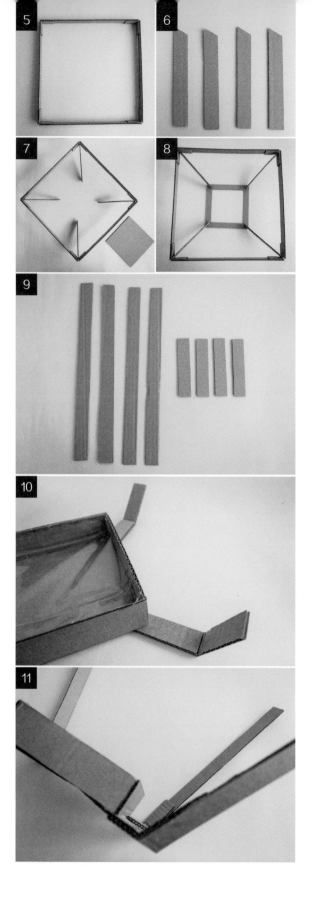

17 观察你的植物的长势。如果没有雨，可以在模型的屋顶上倒些水以观察雨水收集、流动的过程，以及它是如何帮助植物生长的。（图17）

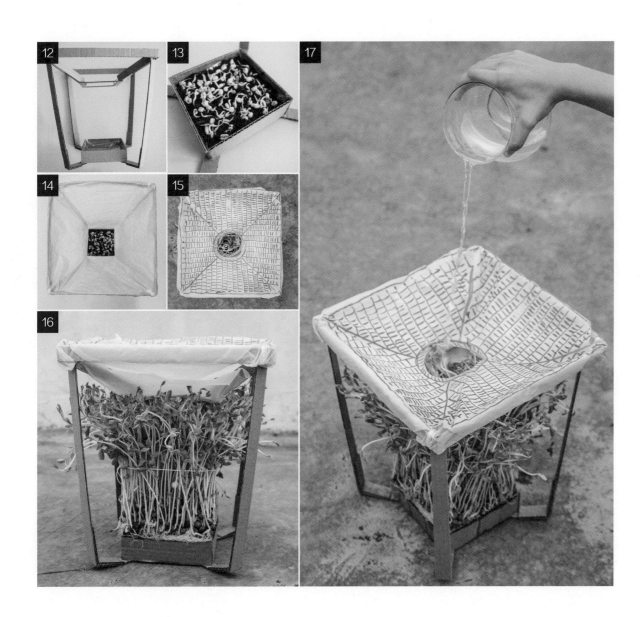

实验10 为洪水泛滥的城市做建筑设计

如果一座建筑可以同时坐落于陆地和水面，会怎么样？在这个实验中，我们希望你能研究两栖建筑：想象一下，一座建筑的一部分是船，另一部分是建筑。你将使用棉花糖和牙签做建筑的主体结构，然后把它们固定在纸帆上。此建筑可以依靠水瓶漂浮在水上，成为两栖建筑。

海平面上升正威胁着很多沿海城市，但许多建筑仍然沿着海岸线被建造起来。人们希望在办公室、家，甚至在去学校的公交车上都能够看到海景。作为建筑师，我们必须想象和设计应对海平面上升的新方法，使建筑能够适应海水的变化，能够抵御海水的侵袭。

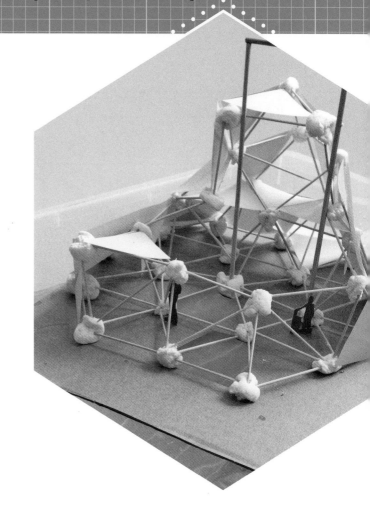

实验材料

→ 漂浮物或有浮力的物体，例如用过的塑料瓶、椰壳或乒乓球

→ 牙签

→ 瓦楞纸板

→ 热熔胶枪和热熔胶棒

→ 20个大棉花糖

→ 彩色贴纸

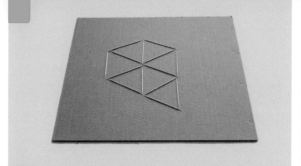

实验步骤

1 用牙签在瓦楞纸板上铺设一个由三角形组成的框架。按照图1上展示的尺寸铺设。

2 在纸板上描画由牙签组成的三角形,将若干三角形从纸板上裁剪下来。用棉花糖将牙签粘在瓦楞纸板底座上。(图2)

3 扩展用牙签和棉花糖搭建的三角网格,填满底板。(图3)

4 如图所示,用更多的牙签和棉花糖搭建竖向的网格。(图4A、图4B)

(下一页继续)

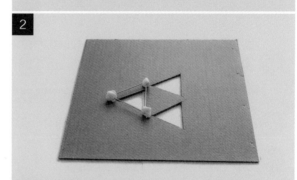

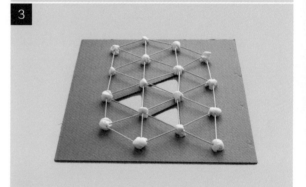

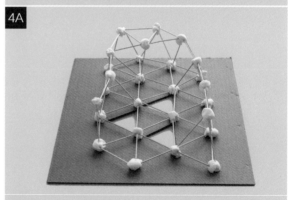

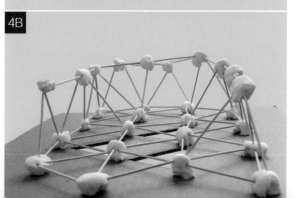

5 当底层结构稳固，就可以向上搭建第二、第三和第四层结构，重复上述步骤。在向上搭建的过程中，可以逐步缩小该层的平面尺寸，上窄下宽的结构会更加稳固，也就是金字塔形状。（图5A~图5D）

6 在建筑的侧面贴上彩色贴纸，作为帆和围墙。（图6）

7 把空的塑料瓶粘在建筑的底部。（图7）

8 等棉花糖干硬之后，将建筑放在一个装满水的容器中，以测试其平衡性和浮力。对着建筑轻轻地吹一口气，看它是否能够随风移动。如果你能找到一处池塘，也可以在户外做测试。（图8A、图8B）

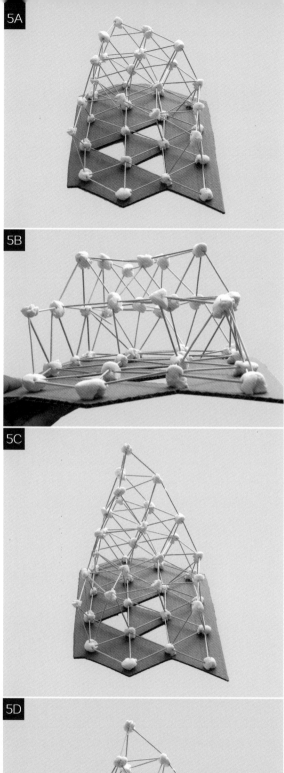

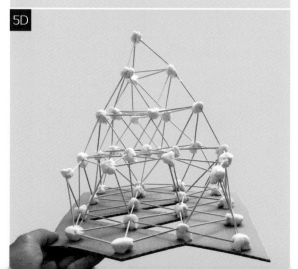

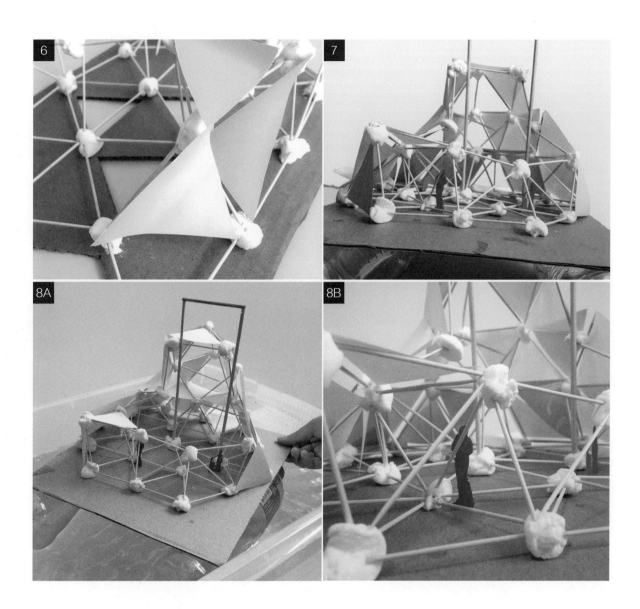

 给成人的提示： 玩水是很快乐的事情。鼓励孩子用浴缸、水槽或水桶作为他们作品的测试池。也可以到公园里去找一处水池。但要确保他们在测试两栖建筑的时候没有浪费干净的水。

实验11 提升室内空气质量

在建筑设计中，**空气如何流动是重要的设计参考因素**。在本实验中，你将用模型测试自然通风。你可以在房子里放烟，观察空气如何在模型中流动，并了解开窗是如何帮助人们改善空气质量的。通过在不同的高度设置多个窗户，可以引导空气在室内自由地流动。你可以让建筑有一面是透明的，以此看到空气如何进出。

不新鲜的空气会导致疾病的传播和其他健康问题。空调房间在如今的设计中非常常见，它对气候变化有着非常消极的影响。简单结构的建筑如果有窗户可以打开，则有助于获得新鲜空气。如果窗户被设置在正确的位置上，就可以经常通风，甚至给室内降温。如果建筑师能够做出正确的通风设计，我们就根本不需要开空调。

实验材料

→ 橙色卡纸（1毫米厚）
→ 黑纸
→ 1张透明塑料（A4尺寸，0.5毫米厚）
→ 可以产生可见白色烟雾的香
→ 可以粘合塑料的胶水
→ 打火机
→ 铅笔
→ 直尺
→ 美工刀

实验步骤

1 首先制作一个T形的建筑，使用图1A中所示的模板（参见第141页模板）和橙色卡纸制作，后续将在D、F和H边的位置开窗。再裁剪出5厘米宽的长条作为墙面，将此墙面弯折后与T形上的A、B、C、D和E边连接起来。（图1B）

2 这是一个风塔，它有3个开窗：两个在底部（D、F边），一个在顶部（H边）。在D边上做第一个开窗，大约3厘米高。（图2）

3 用黑纸装饰室内，这样可以看到烟飘动的方向。测量风塔的内部尺寸，裁剪黑纸以覆盖室内所有的表面。（图3A、图3B）

4 用透明塑料覆盖风塔的另外一面（无墙面连接的那面，F、G、H边）。这样就可以观察到空气在内部流动的情况。裁剪非常薄（3毫米厚）的边框，用来框住每个窗户。在H边的顶部和F边的底部，各留出一个3厘米高的开窗。（图4A、图4B）

（下一页继续）

 给成人的提示： 练习使用火、烟和纸张。为孩子提供帮助，并采取谨慎小心的措施。

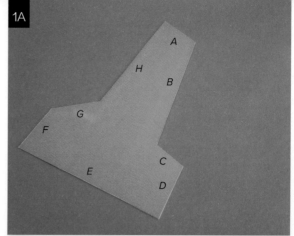

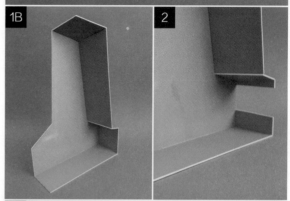

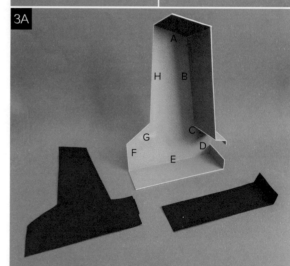

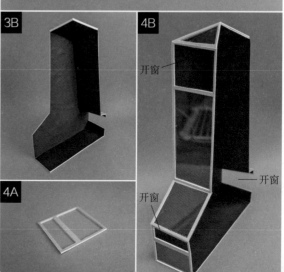

开窗

开窗

开窗

⑤ 用6片宽度为1厘米的长条卡纸拼接出Z形楼梯，以一定角度粘在风塔内部。（图5A、图5B）

⑥ 用透明塑料剪出一块T形（参见第141页模板），将风塔封闭起来，确保从外面可以看到室内。在风塔的顶部（H边）有一个天窗，在底部（F、D边）有两个开窗。用胶水封住所有墙体和窗户的边缘。（图6）

⑦ 用橙色卡纸剪出3个与3个开窗大小一致的长方形。测试烟雾的时候，你可以用这些长方形卡纸关闭建筑上的3个开窗，观察不同的开窗状态会如何影响室内空气流通。（图7）

⑧ 点上香，将它放置在D边开窗处。用你之前裁剪的长方形卡纸封闭H边开窗和F边开窗，等到烟雾上升到风塔内的上部时，再分别打开F边开窗和H边开窗，观察空气如何在内部流通。

⑨ 我们的想法是：当坏空气在室内聚集时，可以打开不同区域的窗口，通过自然通风把坏空气吹到建筑外面。

⑩ 重复步骤8。找一处有风的地方，在不同的开窗处放置香，这个测试可以在室外有自然风或风扇的地方进行，它能够帮助我们看到空气的流通。（图8）

⑪ 打开和关闭不同的开窗，你会看到自然风有时会把外部的空气带到建筑内。讨论一下空气是如何离开建筑，又是如何被带回室内的。在空气质量不高的地方，你必须关闭窗户。

5A

宽1厘米

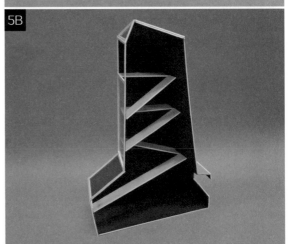

5B

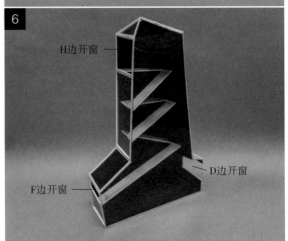

6

H边开窗

D边开窗

F边开窗

7

8

提升室内空气质量

给成人的提示: 自然通风是经过充分研究的设计。中东地区的风塔展示了本土建筑是如何给建筑内部空间降温的。在中国文化中,室内花园有助于引入自然清新的空气。这个实验中的T形建筑是非常典型的风塔设计,在恶劣的气候条件下可以将风从建筑的顶部引导到底部。在你完成这个实验后,调查一下其他文化中采用的通风方式。全球各地有很多种通风方式,有些已经被使用长达几个世纪。

实验12 收集风能的建筑

在本实验中，你要制作**形状像风轮机一样的建筑，用它来收集风能**。随着建筑物的旋转，它还能为居住者提供360度的景观。

这栋建筑既是建筑奇迹，也是工程成就。每个风扇的形状都像勺子一样，可以收集风能，围绕着中轴旋转。你需要精准地找到建筑的中轴，使得建筑旋转起来。

在你完成模型后，思考建造这个建筑所经受的挑战是什么。即使建筑的概念很好，也仍会有一些问题始终难以解决。例如，如果建筑正在转动，电梯该如何运行？

实验材料

→ 圆木棍（直径2毫米）　→ 白色卡纸

→ 记号笔　→ 蓝色纸

→ 剪刀　→ 白胶

→ 美工刀

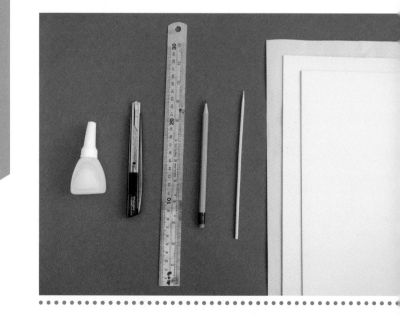

实验步骤

1 制作建筑的中轴：用一根15厘米长的圆木棍作为中轴，用蓝色纸将其包裹，形成一个较粗的圆柱，圆柱的直径为3毫米。（图1）

2 用蓝色纸制作圆管，3厘米长，直径刚刚超过3.1毫米，刚好比步骤1中制作的圆柱的直径稍大一些。将其套在圆柱上，确保它能够自由旋转。（图2）

3 复印图3A中的等比例模板，裁剪下来，制作6片扇叶。每片扇叶的宽度为3厘米，与步骤2中圆管的直径相匹配。（图3B）

4 将扇叶折叠成一个弯曲的盒子，沿虚线将它粘贴好。（图4A、图4B）

（下一页继续）

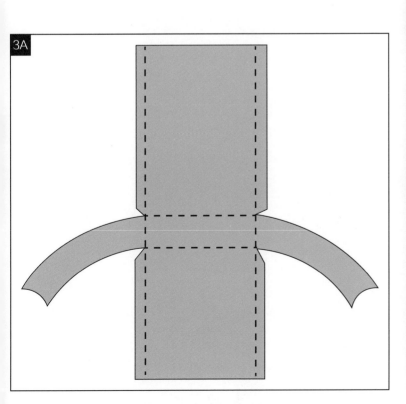

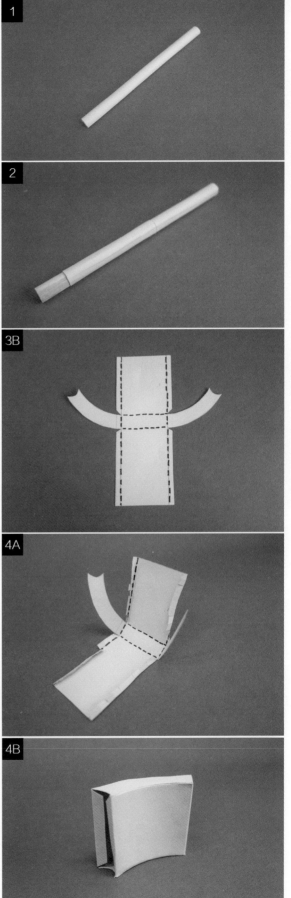

5 完成3片扇叶后，把它们均匀地粘贴在一根较短的圆管上。（图5）

6 完成后得到2个风轮。（图6）

7 在白色卡纸上剪出3个圆环，外径略小于5毫米，内径为3毫米。你将用它们把2个风轮固定在圆柱上。（图7）

8 将这些物品依次套到圆柱上：白色圆环、风轮、白色圆环、风轮、白色圆环。（图8）

9 把白色圆环粘在圆柱上。清理风轮及周围的胶水残留物，确保风轮可以自由旋转，且不会从圆柱上掉下来。（图9）

10 可以在扇叶的外部画上图案，例如画出玻璃的纹理以表示不同的楼层。（图10）

11 把这个模型拿到室外，让它在风中旋转起来。也可以对着它吹气，你会看到上下两层楼（扇叶）的转动速度是不同的。（图11）

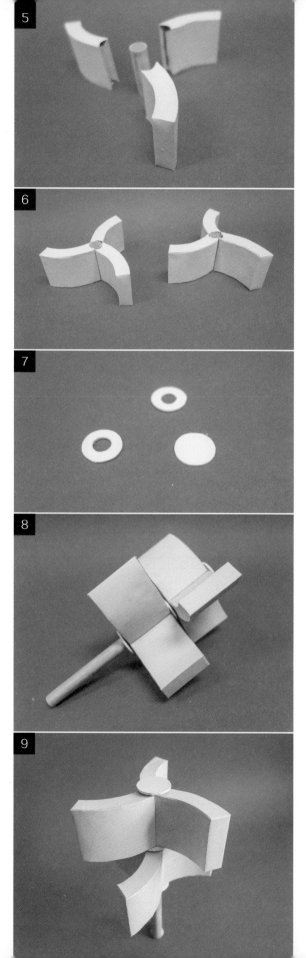

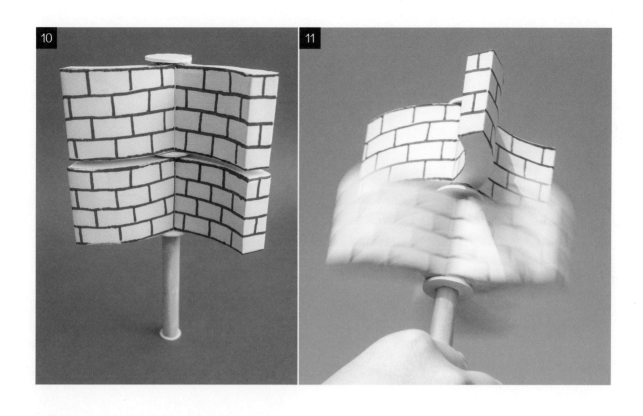

给成人的提示： 这是一个有关精确性的实验，一点微小的错误都会让扇叶被粘住。帮助孩子检查扇叶，确保接头处足够松动，整个建筑能够自由旋转。中东地区的许多建筑将风能作为其建筑设计的一部分。完成这个实验后，可以调查收集有关风能益处的信息。

实验13 交通：设计一座火车站

交通枢纽是高效城市的重要组成部分。在本实验中，你将创作一组灵活的建筑，这组建筑可以快速扩展，适应不同方式的交通工具，包括火车、飞机、汽车，甚至是未来的太空飞船。这个交通枢纽的设计将整合进入空间的车辆、人与采光。

在本实验中，我们将使用纺织品来创作可拉伸结构，这利用的是纺织品的张力。制作的过程有点像搭建一顶帐篷，再用许多帐篷组合出一座车站。

实验材料

→ 2件干净的旧衣服（1件 黄色的、1件蓝色的）
→ 瓦楞纸板（2毫米厚）
→ 尖木棍
→ 冰棒棍

→ 剪刀
→ 彩色笔
→ 白胶

实验步骤

1 用黄色的布料剪出三角形：在正方形的布料上剪出1个大号、1个中号和2个小号的三角形。对蓝色的布料进行同样的处理。（图1A～图1C）

2 在靠近蓝色的中号三角形的三个角大约1厘米的位置，用一根尖木棍穿过。注意，不要撕破布料。（图2）

3 对所有三角形做同样的处理。（图3）

4 将3根尖木棍（柱子）从3个不同的方向插入瓦楞纸板，使3根尖木棍伸向不同的高处，并按一定的倾斜角度将布拉伸开。使用的布料应略有一定垂感，但基本上是飘浮在空中的，以便在其下方形成一处遮阳区。（图4）

（下一页继续）

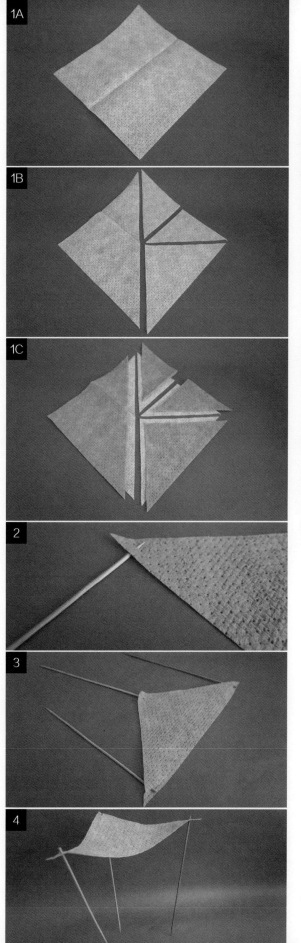

059

5 可以在大号三角形的中间增加一个中柱（一共用4根柱子支撑起这片布料）。让大号三角形紧挨着中号三角形，两者阴影有所重叠，这样可以形成一处连续的遮蔽空间。（图5）

6 小号三角形可以与大号三角形使用相同的柱子来支撑。（图6A、图6B）

7 在不同的高度上，混合和搭配不同大小的三角形，以扩展交通枢纽的空间。其目的是为车辆提供不同的进出通道，同时能为人们遮风避雨。（图7）

8 用冰棒棍和彩色笔制作火车和飞机。把你的模型带到户外，让火车进入模型。想象一下，人们是如何下火车，又是如何在车站换乘，再登上飞机的。根据你的模拟实验，可以继续通过调整模型上柱子的位置来改善建筑设计，使人流的动线（移动的路线）更加合理。（图8）

9 最终的模型成果是一座灵活的火车站，它可以让人们完成交通方式之间的快速换乘。你也可以继续增加其他的交通方式，例如自行车、滑板车和公交车等，让你的模型更加接近现实情况。（图9、图10）

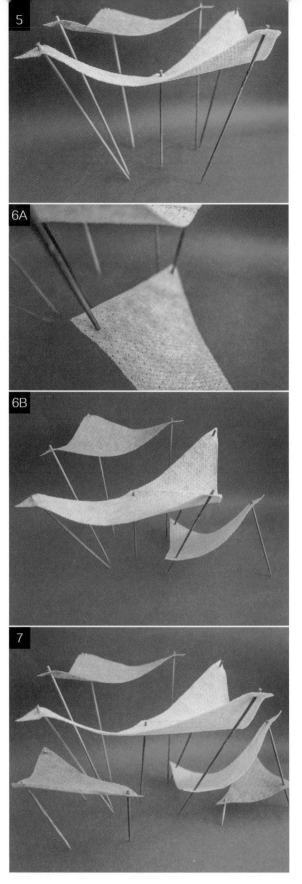

 给成人的提示： 高效的公共交通对于一座城市的可持续发展是非常必要的，我们需要快速、有承载力和高效的灵活解决方案。然而大型的基础设施项目也会带来问题，它们可能会让准备不足的城市面临压力。城市也经常需要努力适应新的技术和交通方式。讨论一下，交通枢纽可能会对城市带来哪些挑战。建筑必须始终考虑灵活性，这样它就可以随着时间的推移和需求的变化来扩展、收缩和适应新的方向。

3 景观建筑

景观建筑师的设计对象是诸如公园、滨水空间、木栈道、广场和操场这样的场所。这些空间通常被视为建筑之间的空隙，但它们非常重要，因为它们可以让人们与自然元素（如光、水、植物和空气）建立联系。

景观建筑师也为建筑的美观做出了贡献。例如，如果泰姬陵①前没有反光的大水池和花园，它就不会像现在这样令人印象深刻。建筑师弗兰克·劳埃德·赖特（Frank Lloyd Wright）在宾夕法尼亚设计的流水别墅，看起来就像盘旋在瀑布之上。

① 泰姬陵是位于印度北方邦阿格拉的一座用白色大理石建造的陵墓，是印度知名度最高的古迹之一。（编者注）

实验14 居家花园

　　拥有一个宜居的家非常重要。几个方面的改进就能让家变得更好——房屋所处的土地、房屋本身、**周围的景观以及植物和自然景观。**

　　在本实验中，我们将重点放在经常被忽视的景观元素上，看看如何利用周围的自然环境为我们的家创造出美丽舒适的景观空间。我们已经列出一些具体的植物，可以为你提供思路，但更建议使用你所在地区的本土植物。你将把一座房子放置在大树后面，大树将房子与更加开放的公共空间隔开，为房子形成一道保证私密性的屏障。这些大树可以阻隔噪音，也可以为你的房子带来更凉爽的温度。灌木和低矮的植物为你的房子带来阵阵香味，同时，蜿蜒的小路也会为你提供步行到家的愉悦体验。

实验材料

→ 彩纸
→ 纱或线
→ 不同颜色的满天星
　 或其他鲜花
→ 美工刀或雕刻笔刀
→ 黑色记号笔
→ 铅笔
→ 白胶
→ 剪刀

实验步骤

1 在彩纸上画出底座轮廓，然后把它剪下来。（图1）

2 在彩纸上画房子的结构，裁剪下来，粘在一起，组成立体的房子。（图2A、图2B）

3 在纸房子上画出门、窗和屋顶。（图3）

4 准备若干束满天星。修剪白色的满天星，将它们像树一样排列好。（图4）

（下一页继续）

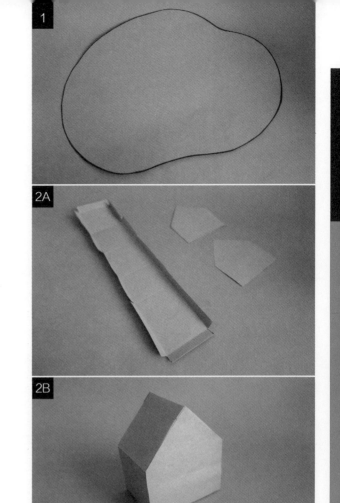

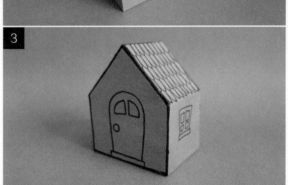

景观建筑

居家花园

5 用纱或线将几束满天星"树"绑在一起，缠绕包裹"树干"。（图5A、图5B）

6 把树粘在你希望摆放的位置。

7 观察树的影子，将你的房子安置在树荫范围内。（图6）

8 在底座上画一条通往房子的小路。（图7）

9 把紫色的满天星分成小份，作为灌木。（图8）

10 在小路的两侧粘上一些满天星"灌木"，也可以用"灌木"填充其他空间。（图9A、图9B）

11 可以用蓝色的满天星作为草，放置在小路的两边和周围的空间里。（图10）

给成人的提示：这个实验可以提高你的观察能力，加强你对细节的关注。完成后，谈谈房子周边你喜欢和不喜欢的景观，我们的设计如何能模拟出你喜欢的房子，如何能大大改善那些无效的事物。如果你的房子模型的卧室窗户正对着一堵白墙，也许你可以在窗前添加一些植物，也可以尝试为那些感觉太热的房间增加遮阳物。

实验15 黑夜中的花园

照明是公园设计的重要部分。这个实验将沿着景观放置灯泡，它们既能创造出人们可以看见的环境，同时又不会让夜晚过于明亮。因此，我们需要让光和影在景观中发挥恰到好处的作用。

在完成实验后，想一想，如何用足够的光来创造出令人感到安全的公园环境。再想一想，公园里的植物和动物在黑暗的环境中才能得以休息，你如何找到适宜的平衡点，做出满足这些需求的创意性设计。

实验材料

→ 瓦楞纸板（2毫米厚）

→ 草地质感的纸

→ 白胶

→ 10个由电池供电的LED灯泡

→ 美工刀或雕刻笔刀

→ 2包彩色的轻质黏土（白色和紫色）

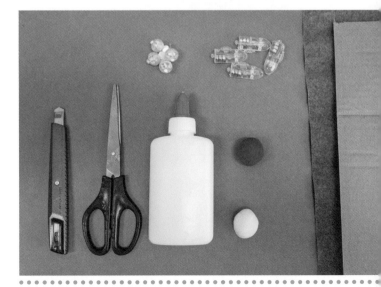

实验步骤

1. 这个公园的设定是带有有机概念的，因此造型设计会仿造植物的形态。从花生的形状入手，画两个相同的大花生图案，长40厘米，宽30厘米。从瓦楞纸板上把它们剪下来。

2. 在其中一个大花生的中心画一个较小的花生，再在小花生中画出另一个更小的花生。裁剪出两个小花生图案，形成一个花生圈。留下最小的花生图案在后续步骤使用。（图1）

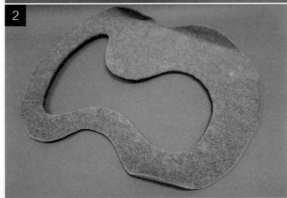

3. 在有草地质感的纸上描出花生圈的轮廓，然后裁剪下来。用胶水把有草地质感的花生圈粘在瓦楞纸板上。（图2）

4. 将花生圈粘在大花生形状上，用一块2厘米宽的瓦楞纸板将花生的内部抬高。这两块花生图案之间的缝隙将用来放置照明设备，以避免灯光直接照射到景观上。（图3）

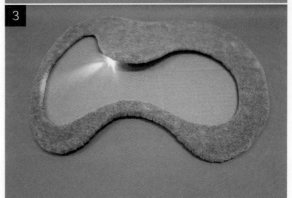

5. 剪出3块2厘米宽的瓦楞纸板。将它们贴在最小的花生图案上，组成三道支架，使得这块花生图案能够独立站稳。（图4）

6. 将一些紫色和白色的黏土随机地混合在一起，制作出不均匀的颜色。将黏土粘在最小的花生图案上，然后用这种黏土将整个瓦楞纸板垫高。（图5A、图5B）

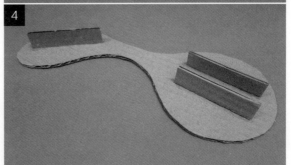

（下一页继续）

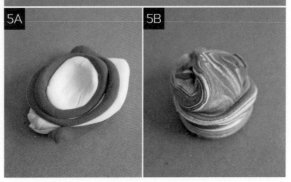

7 将黏土覆盖在大花生图案的表面。（图6）

8 再做一团紫色和白色混合的黏土，覆盖在花生图案上，塑形成一个壳状的覆盖物。将壳的边缘整理平滑，再将其与底部的黏土层揉合在一起，使这个壳能够独立站稳。（图7）

9 用白色黏土搓成小珠子，沿着紫色黏土的边缘放置。再搓出更多的小花造型，放在草地上。（图8）

10 在草地景观上使用LED照明。灯泡必须朝下放置，以免产生光污染[①]。可以在花生图案之间的缝隙和壳状覆盖物的下方放置更多的灯泡。（图9）

11 把你的公园模型放到一个黑暗的房间中，观察照明是否均匀。你会看到黑暗的区域和明亮的区域，但要限制黑暗的区域与下一盏灯之间的距离，建议不超过10厘米。（图10）

12 调整灯光的角度，避免其产生眩光[②]而伤害眼睛。在公园模型中增加更多的树和其他物体，制造出黑暗的阴影空间。（图11A、图11B）

给成人的提示： 光污染无处不在，它扰乱了野生动物和植物的休息方式。一座健康的城市应该循环使用灯光的开启和关闭系统。通过探访特别黑暗和特别明亮的街道，进一步探索这个问题。对比你在这两个地方的体验，讨论如何在不增加灯光的情况下让黑暗区域变得更安全。

① 光污染是指由人类过度使用照明系统而产生的问题。（编者注）
② 眩光即刺痛眼睛的光，可导致视野内的亮度急剧超过眼睛能适应的范围，造成视力混乱或情绪烦躁、不安。（编者注）

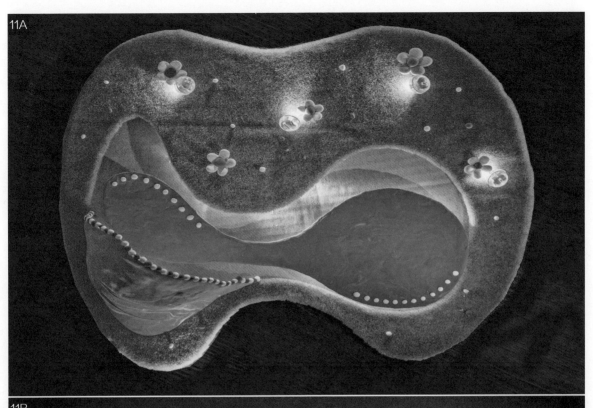

11A

11B

实验16 食物市场

人们习惯在杂货店购物，以至于忘记了很多东西都来自农场。在本实验中，你将建造一个**用于耕种的梯田式绿色屋顶，还要在温室下方增设市场**。这一设计功能合理，会让人们更愿意聚集在市场里。

地球上的人越来越多，地球越来越拥挤，我们需要关注食物分配问题，要更有创造性地种植食物和保护土地。利用这个实验进行头脑风暴，讨论一些解决方案，关注那些对食物生产来说必不可少但又往往被我们忽略的建筑。你可以了解一下放养养殖业、水耕法、有机农业和鱼菜共生法，进而了解在室内和室外种植农产品的不同方式。

实验材料

→ 瓦楞纸板（2毫米厚）

→ 草地质感的纸

→ 铅笔

→ 直尺

→ 白胶

→ 美工刀或雕刻笔刀

→ 不同类型的干豆子或豌豆

实验步骤

1 想要在市场上方建造一个梯田式农场，你需要在市场上建4层台阶。首先，在瓦楞纸板上裁剪出10个长方形，尺寸为20厘米×5厘米。（图1）

2 搭建第一层：将3个长方形连接起来组成一个开放的盒子；沿着瓦楞纸板的边缘涂上胶水，这将是最上面的一层。（图2）

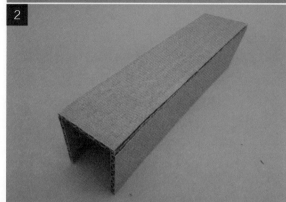

3 用剩下的7个长方形扩展台阶。在建造时尽量让台阶侧躺，避免翻倒。（图3）

4 建造迷你坡道，方便人们从农场的一层走到另一层：剪出4个相同的瓦楞纸板等腰三角形，腰长8厘米，底边为2厘米，剥去瓦楞纸板的表层，露出里层。（图4A、图4B）

（下一页继续）

与我们的食物系统产生联系： 通常情况下，我们在杂货店买食物的时候，不会太多考虑食物是从哪里来的，是如何来到商店的货架上的。我们和食物生产之间的距离感会让我们很容易忘记种植和制作食物时付出的努力和成本，也更容易让我们忽略这一过程中制造出的垃圾。通过将农场和市场相结合，我们可以看到农场是如何运作的，再通过其与市场的结合，我们可以了解食物系统中的生产流程，从而重视从食物到餐桌的所有过程。

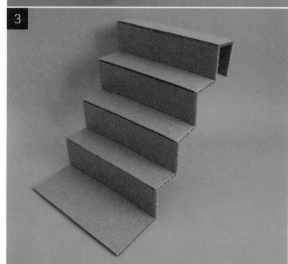

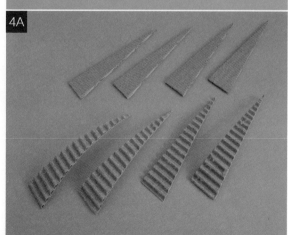

5 将三角形粘在梯田农场上，使它们看起来像你可以从一层走到另一层的斜坡。（图5）

6 为了让农场稳固，需要建造一个倾斜的结构来支撑它。在瓦楞纸板上剪出两个尺寸为20厘米×18厘米的长方形。（图6）

7 将长方形按三角形的形状粘在梯田农场的底部，这样农场就可以站立了。（图7）

8 用有草地质感的纸覆盖农场区域。（图8A、图8B）

9 在梯田农场的每一层放上不同的豆子。（图9）

10 农场下方的三角形空间就是市场区域。用剩余的纸板碎片制作架子、摊位或展示架，用来展示你在农场里种植的产品。请注意，你还可以重新设计一处户外市场，为屋顶上的农业生产成果创造更丰富、便捷的展示与售卖空间。

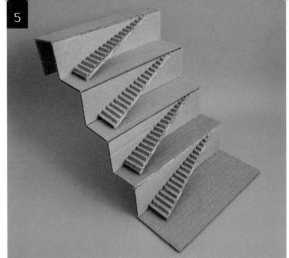

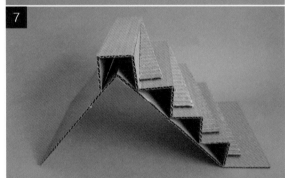

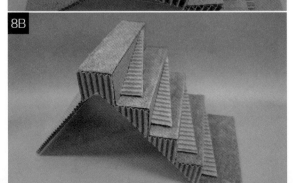

 给成人的提示： 与孩子讨论：城市和郊区有哪些类型的市场，比如跳蚤市场或农贸市场，它们与传统市场相比有什么优势？超市或购物中心又有什么优势？比较每一种市场的优缺点。随后讨论人们在市场里现场种植蔬菜的潜在优势。通过有机屋顶农场，我们可以把市场的一部分变成农场。有了室内水培，即使外面的天气很恶劣，比如下雪或有暴风雨，无法进行室外耕种，我们仍然可以进行全天候（每天24小时、每周7天）的农业耕种。

实验17 游乐场

建造游乐场是一件非常有趣的事。你可以设想将几种体验融入到一个空间中。在本实验中，你将使用周围环境中的天然材料，创造一个有不同高度和风险的、具有挑战性的空间。

如果找不到适用本实验的材料，请发挥你的想象力，找到与所需材料相似的天然替代品。这个实验操作起来很容易，但需要准备比较多的材料。

实验材料

→ 干苔藓
→ 1杯沙子或小砾石
→ 竹子编成的网片
→ 木片
→ 木棍
→ 小树枝
→ 草地质感的纸
→ 用干香蕉叶做的碗
→ 原木片（天然树干切割而成）

→ 瓦楞纸板
→ 若干不同大小的石头
→ 干花
→ 贝壳
→ 牙签
→ 卷筒纸芯
→ 黑色记号笔
→ 白胶

实验步骤

1 用瓦楞纸板和木棍搭建沙池。（图1）

2 在瓦楞纸板上剪出一个底座，与木棍的长度一致。将木片贴在底座边缘。（图2）

3 用沙子或小砾石填满沙池，再铺上木片作为游戏平台。（图3）

4 用瓦楞纸板剪出一个花生形状作为攀爬区。

5 将竹子编成的网片折成C形，粘在底座上，用木棍搭出桌子。（图4A、图4B）

（下一页继续）

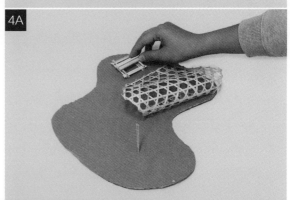

景观建筑

游乐场

077

6 从瓦楞纸板上剪下两个圆形做轮子。将一根牙签穿过两个圆片的圆心，将两个轮子连在一起，再用一根更长的木棍粘在牙签的中间位置。（图5）

7 沿着碗的边缘剪出一圈三角形，边缘向外散开，做成一个"旋转木马"。然后，剪一个圆形纸板当作盖子。将一根圆木棍穿过碗的中心，再将纸板盖子放置在木棍的顶部。在游乐场的底座上戳一个洞，将穿过碗的木棍戳进洞里，固定"旋转木马"。（图6A、图6B）

8 用小树枝和干花装饰攀爬区，将它们粘在瓦楞纸板的底座上。

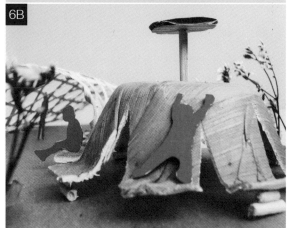

9 从瓦楞纸板上剪下一块仿造有机植物形状的图案作为底座，在这个底座上建造一座球场。在纸板上画上球场的标记线，在球场的边缘放置剪裁成有趣形状的围栏。（图8）

10 将原木片当作花园，在上面铺满干苔藓。（图9）

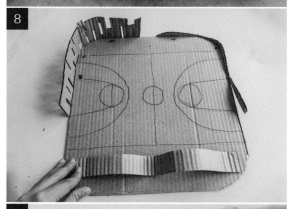

11 用若干卷筒纸芯将球场以外的区域垫高：即先把球场放在平面上，然后将原木片花园垫高至5厘米的高度，再将攀爬区垫高至10厘米的高度，最后将沙池垫高至20厘米的高度。在球场区域放置更多的石头或贝壳，创造出可供隐蔽的空间。（图10）

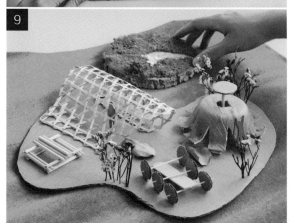

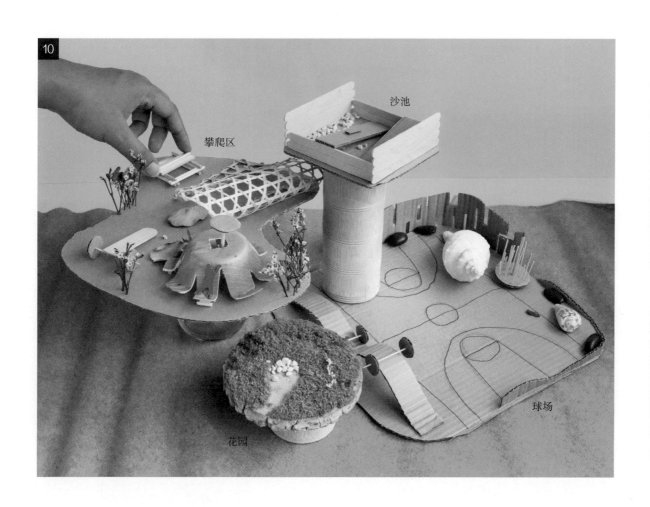

攀爬区

沙池

花园

球场

 给成人的提示： 游戏充满乐趣，孩子是玩游戏的专家，但游戏不是孩子的专属活动。请孩子想办法创造一座可以共享游戏的公园，而不是一座区域分割的公园。例如，老年人可以和孩子在同一个游乐场里玩耍吗？人们如何进入位于高处的游乐场？想一想，你身边的游乐场有哪些限制？它有坡道吗，还是只有台阶？如何利用想象力，让它变成每个人都能进行探索的更加灵活的空间？

实验18 场地规划

政府不会精确地告诉建筑师如何设计建筑的外观，但**城市规划师**会通过分区、建筑外立面、退线[1]和建筑高度将城市的发展限定在一定的框架内。在本实验中，你要塑造街道、景观、建筑和基础设施，以创造出宜居和充满活力的场地空间。你将扮演城市规划师，为建筑的高度和想象设限，你需要通过增减部分元素使所有的东西都能够合理地相互配合。进行设计时要富有创造性，寻找所有元素之间的视觉联系。

实验材料

→ 纸
→ 铅笔
→ 西兰花
→ 美工刀
→ 萝卜（两种颜色，每种颜色2根）
→ 水果刀
→ 牙签

---

[1] 建筑退线指建筑控制线与规划地块边界的后退距离。（编者注）

实验步骤

① 首先绘制一个可以让每个人都感到兴奋的蓝图。想象一下，人们可以在这里生活、工作和娱乐。这里有办公楼和公寓楼，两座楼之间用带有餐厅的桥连接，餐厅周围有树和人的活动空间。（图1）

② 用一根萝卜制作水平方向的餐厅（图片中用的是橙色萝卜）。切的时候要小心，困难的步骤可以请大人提供帮助。

③ 切掉萝卜的两个长边，使其更像一个两端平整的长方形盒子。在一条平直的长边上制作两条隧道，使得人们能够进出。（图2）

④ 在萝卜的另一条平直的长边上添加一些斜线刻痕，使此建筑显得更有质感。用斜线刻痕覆盖整个胡萝卜建筑的顶部，将其作为太阳能板。（图3A、图3B）

⑤ 把另一根同色萝卜切成2厘米×2厘米×3厘米的方块，在其表面添加一些垂直的刻痕。这里是人们可以用来锻炼的健身房。（图4）

⑥ 取不同颜色的萝卜（图片中用的是绿色萝卜）。在其侧面斜切出一个角度，这样的天际线①设计可以让更多的阳光进入到餐厅区域。（图5）

（下一页继续）

① 天际线又称城市轮廓、全景或天空线，是由城市中的高楼大厦与天空或自然地景所构成的整体结构。（编者注）

景观建筑

场地规划

7 在萝卜的底部切出一个小盒子形状，使其依靠底部就可以悬停在萝卜餐厅的上方。（图6A、图6B）

6A

8 可以用同色的另一根萝卜制作一座更矮的楼。把高度调整在5厘米，然后裁切掉所有的边，且有一个倾斜的表面，这可以让更多的阳光进入到餐厅区域。（图7）

6B

9 将完成的萝卜楼、萝卜健身房和萝卜餐厅放在一起。它们应该能相互接触并连接在一起，这样人们就可以同时使用多个建筑。切出若干小萝卜方块（边长2毫米），作为周围的人。（图8）

10 将西兰花的花蕾修剪成3厘米高，将茎部切成平底，使其可以像一棵树一样站立。（图9）

7

11 修剪和塑造萝卜楼与萝卜餐厅的表面，使更多的阳光可以进入楼内。切掉更多的餐厅部分，造出城市广场。如果萝卜容易翻倒，可以用牙签将其连接起来。

12 用刀削去萝卜之间的缝隙，使其更紧密贴合，方便人进出，也使光线和空气能够自由地进入萝卜建筑的下半部分。

8

13 从各个方向观察你的建筑，如果需要的话，做出合理的调整，让建筑从各个角度看起来是一体的。（图11）

9

 给成人的提示： 鼓励孩子在完成实验后把蔬菜洗干净并吃掉。在实验过程中没有使用胶水，因此所有材料都是可以食用的。我们相信，使用蔬菜和不伤害环境的方式来建造模型是更有趣、更节约且有意义的方式。

x

给孩子的建筑设计实验室

实验19 宠物建筑

为宠物设计房子是学习建筑最简单的方式。在本实验中，你将使用猫所喜爱的材料建造房子。瓦楞纸板的表面很有质感，麻绳也是吸引猫的注意力的好材料。

人类的想法很复杂，有时候很难描述。而宠物会通过它们的直接行动告诉你一切，你可以通过研究它们的反应来完善这个实验。研究动物的行为比研究人类的行为更容易，这也可以帮助你为人类做出更好的设计。你可以为自家宠物建造一所足够大的房子，看看它们是否喜欢这座建筑。观察宠物的反应后，再完善或修改模型。

实验材料

→ 瓦楞纸板（2毫米厚）

→ 麻绳

→ 剪刀

→ 美工刀或雕刻笔刀

→ 白胶

→ 尖头木棍

实验步骤

1 剪下一段麻绳，在末端打个结。

2 在打结处涂上胶水，然后用麻绳绕着结缠绕，形成一个直径大约5厘米的麻绳球。（图1）

3 让绳子的另一端从球上垂下来，稍后你要把它固定在宠物屋上。（图2）

4 建造遮蔽物：准备好瓦楞纸板，用尖头木棍将瓦楞纸板表面薄薄的一层纸剥掉。（图3）

5 此时，纸板上裸露的里层和平滑的表面交替呈现，可以获得更好的抓握质地。（图4）

6 在纸板上戳个洞，把麻绳球的绳子从这个洞里穿过。在绳子的末端打个结。（图5）

7 取另一张瓦楞纸板，折成一个长方形，作为遮蔽物的底座以支撑重量。这也是一处让你的宠物能够藏身的有趣地方。把这个底座放在另一层瓦楞纸板的下方。（图6）

（下一页继续）

8 为宠物做一个高架座椅：将一块薄瓦楞纸板对半折叠，然后再卷起来，这将成为架高座椅的支撑杆。（图7A～图7C）

9 将做好的薄瓦楞纸板粘在一块较大的瓦楞纸板上。然后用上一步骤中卷起的瓦楞纸板支撑起来。（图8A、图8B）

10 让你的宠物在新居所里探索和享受乐趣。（图9A、图9B）

 给成人的提示： 向宠物表达我们的关心，是培养孩子同理心的好方法。为宠物建造一个家，也会让它们以新的和有趣的方式玩耍。宠物能够立即使用设计作品，作为设计者和建造者的孩子也可以得到即时反馈，以此来了解哪些元素不合适，哪些元素的效果最好。孩子可以通过这个实验更加了解自己的宠物，继而改进自己的设计方案，还可以将经验带入到其他项目中。

9A

折叠设计

9B

实验20　为动物设计建筑：翻转的动物园

服务于动物的建筑早就存在，人们建造建筑来养殖和研究动物，也设计和建造了赛马场、水族馆、鸟类馆和自然保护区。建造动物园是人们研究自然和野生动物的方式之一，在设计时除了要考虑人的需求，还需要考虑到动物的需求。本实验的目的是为动物创造尽可能类似于自然栖息地的生活场所，这可以让动物自然地生活，也便于人们研究动物的自然状态。

在脑子里想一下三维立体的动物园，典型的动物园是让你一个区域接着一个区域地参观动物（即所有动物与你处于同一水平面）。如果这一次我们将动物置于首要空间中，把它们放在上层，而我们是从下面观察它们，这会是什么样的呢？在你完成动物园的设计后，可以在里面种植不同的树木和灌木，再放置几只动物。想一想，这个空间如何能让动物舒适地生活，同时也能容纳研究它们的人。

实验材料

→ 瓦楞纸板
→ 圆木棍
→ A4尺寸的白纸
→ 电池供电的LED灯泡
→ 草地质感的纸
→ 花、叶子和小树枝
→ 牙签
→ 剪刀
→ 白胶

给孩子的建筑设计实验室

实验步骤

1. 在瓦楞纸板上为动物园画一个花生形状的底座，把底座剪下来。（图1）

2. 在花生形状的中间画两条虚线。沿着虚线剪开纸板，形成三部分。中间的那片纸板是供人行走并观看的景观走廊。（图2）

3. 将左、右两大片纸板的位置垫高，将圆木棍当作柱子，从下方把这两块区域抬起来。（图3）

4. 使用窄条纹的瓦楞纸板。剥开瓦楞纸板的表层，露出波纹状的内里。将这块纸板弯成弧形，连接一侧的上层与另一侧的底层。这条弧线条纹纸板将成为连接上下两层的斜坡。（图4）

5. 在具有草地质感的纸上画出与左、右两块较高纸板相同的轮廓，沿着轮廓剪下。将它们粘在左、右两块瓦楞纸板上。（图5）

（下一页继续）

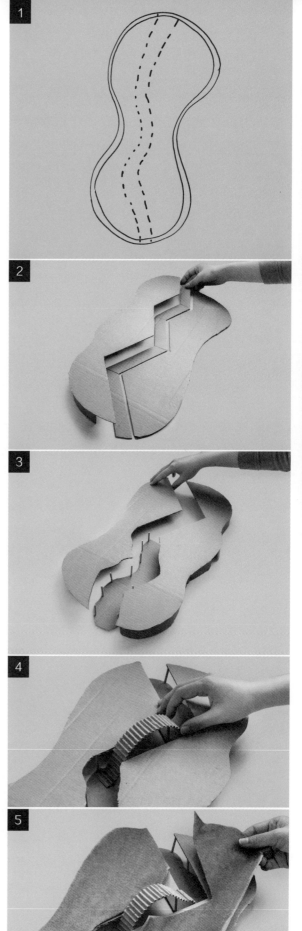

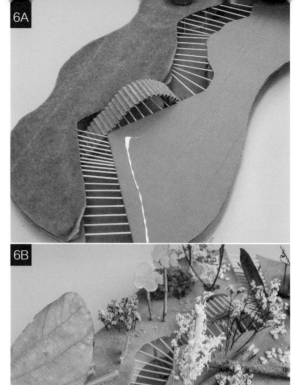

6A

6 将牙签插到左、右两块纸板的中间层。这就在中间位置形成了一个笼子，牙签之间的距离为1厘米。

7 用植物、小树枝、花朵和树叶装饰草地区域的表面。（图6A、图6B）

8 将LED灯放置在下层。（图7）

9 在白纸上画出人和动物，剪下来后贴在模型上。（图8）

10 现在你有了一座动物园，把人放在笼子里观察动物，动物则可以在动物园里自由活动。（图9A、图9B）

11 在你完成动物园之后，与你的朋友和同学谈谈曾经去过的动物园或水族馆。在那里，你最喜欢的部分是什么？你认为生活在里面的动物快乐吗？思考人和动物如何才能更好地相互交流。笼子有必要存在吗？我们怎样才能为这些动物创造一个自然的栖息地？在头脑风暴之后，画出人与动物共存的新方法。

6B

7

给成人的提示： 世界上第一座动物园在18世纪开放，进入21世纪以来，动物园一直是一个有争议的话题。可以与孩子谈论动物，鼓励他们研究某种特定动物的自然栖息地，让他们将自己的发现与动物园里的环境进行比较。动物园是否需要重新创造自然环境？该如何改进或改变？为了让动物留在自然栖息地，同时人们也可以在那里研究它们，我们可以做哪些事情？

实验21 树屋

给孩子的建筑设计实验室

场地条件有时候是设计的限制，有时候则可以**利用场地条件作为机会创造出有趣的建筑**，让人与自然互动。树屋就是一个完美的例子。树屋必须是稳固的，同时要尽量避免伤害到树木。

在本实验中，你将建造一个微型树屋，以此了解建筑是如何围绕有机物并与之共同发挥作用的。每个树屋都会略有不同，因为设计应与植物相适应。检查平面图，确定树屋的最佳位置。制作攀爬绳和楼梯，便于进出。最终的设计作品应该是三个高度不同的树屋，它们通过小桥相互连接。

实验材料

→ 树干粗壮的植物（本实验中用的是30厘米高的盆栽榕树）

→ 麻绳

→ 冰棒棍

→ 方木棍

→ 白胶

→ 剪刀

→ 美工刀或雕刻笔刀

实验步骤

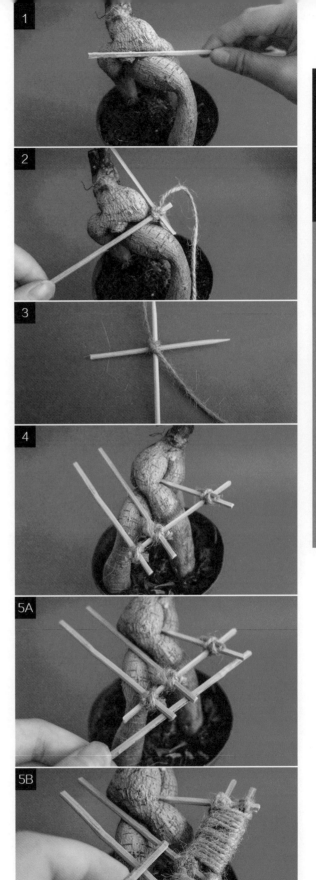

1. 在粗壮的树干上找到一处较为平坦的位置，在这个位置建造树屋。将一根10厘米长的方木棍横放在树干的平坦部分。（图1）

2. 绕着树干搭建平台，形成一个Y形结构：用你的手指把两根方木棍夹在一起，形成一个Y形结构；将它嵌入树干，移动它以测试不同的角度，直到它能够牢牢地卡在树干上。

3. 为Y形结构找到一个好的固定点之后，用麻绳将两根棍子绑在一起，保持住Y形，在树干上标记位置。（图2）

4. 将木棍绑好，在棍子的交叉处打一个X结，这个X结应该覆盖交叉点的所有四个角。（图3）

5. 在第一个Y形结构稳固地架在树干上之后，可以在第一个Y形结构的长边上做更多的Y形结构。第二个Y形结构应该沿着树干卡在不同的凹槽里。

6. 在树干的另一侧找到一处缝隙，将棍子绑在第一个Y形结构上。（图4）

7. 下一步，通过增加第五根木棍，为第一个Y形结构创造一个并行的双线结构，形成一座桥。用麻绳将双线结构中的一根绑在一起。（图5A、图5B）

（下一页继续）

景观建筑

树屋

8 在桥上增加一些短木棍以跨过双线结构，形成一个梯子。（图6）

9 在平台建好之后，在下面加上一个麻绳网，人们可以用它爬上树屋。为了能够更容易地制作网状结构，要先把平台从树干上拆下来，再将一根10厘米长的绳子绑在梯子的一侧，在绳子的中间打结。（图7）

10 沿着梯子添加更多的绳子，形成一个沿着梯子一侧的绳幕。

11 将绳幕上的绳子以交叉的方式编织在一起。编织完成后看上去应该像渔网一样。（图8）

12 将平台放回到树干上，将绳网绕在树干底部和花盆周围。（图9）

13 将两根15厘米长的麻绳绑在绳网底部，确保没有松动。

14 将两根麻绳缠绕在花盆上，与花盆固定在一起。（图10）

15 现在，平台牢牢地固定在树干上，并绑在了花盆上。

16 用冰棒棍开始建造房子。

17 将3根冰棒棍分别裁切成3厘米长的木片，最后获得9片3厘米长的木片。

18 在冰棒棍的侧面涂胶水，拼搭出墙壁和屋顶。（图11）

19 用3根较短的冰棒棍在房子后面加一面墙。将冰棒棍贴在房子上，剪掉多余的部分。（图12）

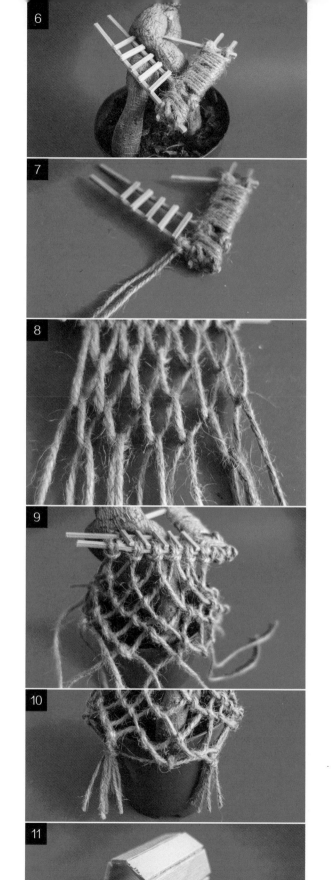

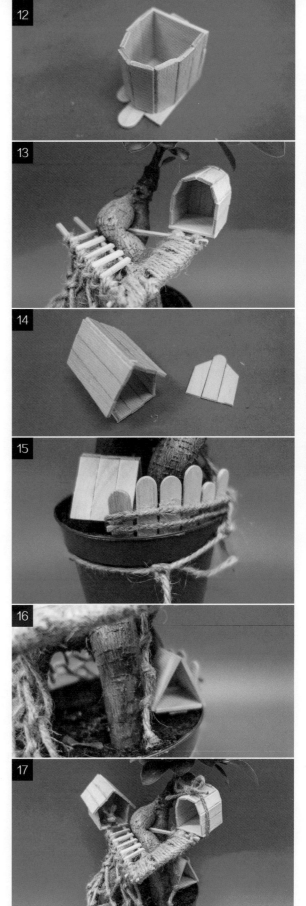

20 在房子的底部涂上胶水，把它固定在平台的桥旁边。（图13）

21 重复上述步骤，建造第二栋房子，但要建造一栋不同形状的房子。（图14）

22 建造第三栋房子，在这栋房子的底部加一根竖直的棍子，这样它就可以直接插入花盆的土壤中。

23 重新利用制作三栋房子时剩下的所有小零件，沿着第三栋房子建一个围栏。（图15）

24 再添加一根带4个绳结的麻绳，用它可以爬到其中一栋房子上。（图16）

25 把你的树屋搬到外面，与周围的植物融为一体。这是一套坐落在植物丛林中的树屋。（图17）

 给成人的提示： 树屋很有趣，总是显得与众不同。没有两棵树是相同的，因此也没有两栋树屋是相同的。思考我们的设计方式，什么样的设计是符合自然的呢？这将如何影响到社会的未来？当没有特征的建筑被那些尊重场地和自然条件的建筑所取代，会发生什么？通过解读更多的就地取材的设计案例来研究这个话题。

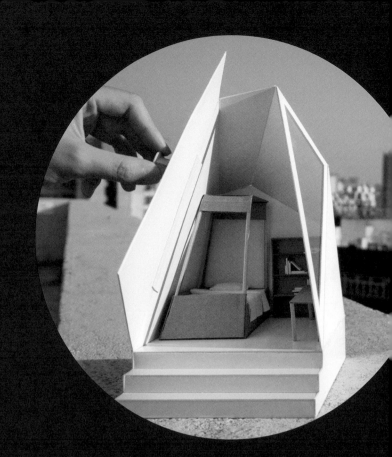

4 可持续建筑

许多本土建筑的设计都利用了自然资源，但19世纪末的工业革命改变了人们与自然相处的方式。今天，建筑师们正在重新学习古老的设计方式，并接受新的理念来创造出更好的建筑。

本单元会将你的设计推向极致。你将设计一个能在极度寒冷、隔绝、疫情、食物短缺和水资源短缺的情况下生存的地方。这些情况正成为建筑师需要考虑和规划的重要场景，让他们专注于创造出能与材料和环境有效匹配的建筑。本单元中的实验还要求你思考如何建造出能让我们在21世纪更安全地生活的房屋。

实验22 极端气候和可居住的生活空间

气候变化和更高的温度可能会迫使我们适应新的生存条件。在本实验中，你将使用沙子来建造，这种材料在更干燥、类似沙漠的条件下会变得很丰富。这项建造技术也可能会成为人们在火星上的建造方式，提供了我们对未来生活的想象。

在本实验中，你将使用圆顶形状来制作一个能够自我支撑的结构，用它来抵御极端天气。水、面粉和盐作为粘合剂一起工作，使沙子能够自我支撑并让你能够自由地雕刻建筑作品。

实验材料

→ 中筋面粉　　→ 中等大小的碗

→ 沙子　　　　→ 桌垫

→ 盐　　　　　→ 水

实验步骤

1 将桌垫铺在桌面上，撒上面粉，避免材料粘在桌子表面。（图1）

2 将原材料按照以下比例混合在一个碗里：

- 2杯（约470毫升）水

- $1\frac{1}{2}$杯（约225克）盐

- $2\frac{1}{2}$杯（约904克）沙子

- $2\frac{1}{2}$杯（约314克）面粉

3 如果混合物里的水太多，就多加一些面粉。如果混合物太硬，就多加一些水。不要增加更多的盐和沙子。（图2）

4 将混合物揉成一个面团，将面团分成4份。（图3）

（下一页继续）

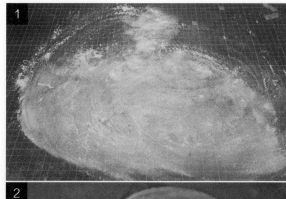

可持续建筑

极端气候和可居住的生活空间

5 将一块面团塑形成圆顶。在这个例子中,我们会把它做成一个半球形的形状。在顶部留出一个洞作为天窗,在墙上开洞作为窗户和门。把另外两块面团塑形成任何你喜欢的形状来作为其他建筑。(图4)

6 用剩余的部分增加阴影和小型建筑。(图5)

7 在你的建筑还用点潮湿的时候,进行最后的小调整和装饰。在建筑模型和景观周围铺上更多的沙子作为纹理。(图6)

8 把建筑放置在干燥的地方。(图7A、7B)

 给成人的提示: 在人类的历史上,沙子一直都被广泛地使用。人们希望能在未来发展出航天文明,并能在某一天作为一类物种,生活在更多的星球上。我们知道,火星上有大量的沙子,从与沙子打交道中学到的技能和经验,可以帮助我们为在火星上的生活做准备。

实验23 避难所

建筑师可以提供具有人道主义的设计，帮助移民找到更加安全的家园，也可以在自然灾害发生的时候，为人们创造临时住所。在这两种情况下，**建造的目标都是提供安全的住房**。尽管人们当时正处在生活压力很大的时期，但依然需要保持居住的舒适性。

这种类型的房子简单、轻便、安全，并易于建造，可以满足人们工作、生活和娱乐的基本需求。在本实验中，你将建造一个避难所，要防止水进入其中，使里面的人可以保持温暖和干燥。避难所也需要一个大窗户，以引入新鲜空气，也能让室内更明亮。

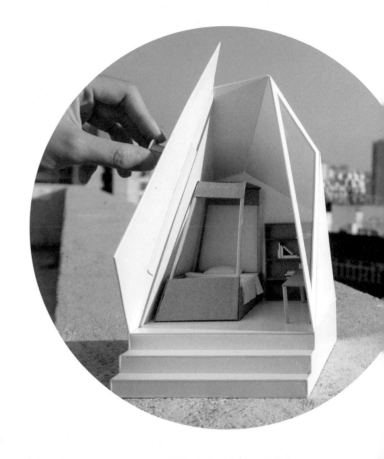

实验材料

- → 铅笔
- → 橡皮
- → 美工刀或雕刻笔刀
- → 直尺
- → 白胶
- → 砂纸（300目）
- → 卫生纸
- → 浅蓝色卡纸（1.5毫米厚）
- → 棕色卡纸（1.5毫米厚）
- → 白卡纸（1.5毫米厚）
- → 草地质感的纸

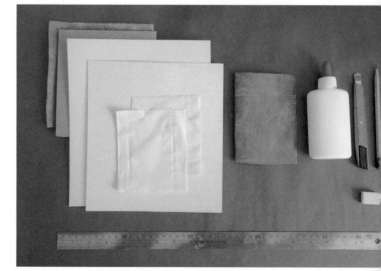

实验步骤

1 搭建一个有3个台阶的平台，以防止雨水渗入。在白卡纸上画出并剪下基座和3个台阶。这个台阶的顶部为边长15厘米的正方形；台阶的底部尺寸为15厘米×19厘米，三层台阶的楼梯高度分别为1厘米。（图1）

2 将剪裁下来的白卡纸粘在一起。（图2）

3 使用模板（参见第142~143页模板）在浅蓝色卡纸上绘制避难所部件。剪下各个部件，检查尺寸，确保它们能够拼接在一起。拼接位置如图3所示。

4 将剪下来的浅蓝色卡纸粘在一起。如果没有太多用于粘合的侧表面或拼合位置不齐，可以用砂纸打磨卡纸的边缘，直到所有部件严密拼合。

5 制作完成的避难所要能够完美地坐落于三层台阶基底上，而且顶部要像水晶一样有切面。（图4）

6 为了创造舒适的生活空间，需要制作一张高低床。用棕色卡纸制作床，它有两层平面和用来支撑的4根柱子。（图5）

7 把床放入避难所，看看还有多少空间可以当作工作区。

8 接下来，使用棕色卡纸制作一个书架。（图6）

（下一页继续）

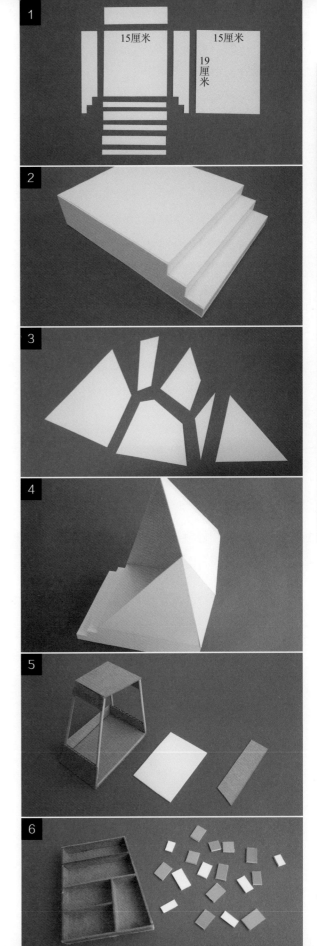

9 在书架旁制作一张桌子。（图7）

10 将所有的家具都放入避难所里。

11 在浅蓝色卡纸上裁剪出避难所正面墙的一部分，呈三角形，中间再镂空一个三角形形状，距离边框大约5毫米，制成一扇三角形窗户。这扇窗户在白天可以为房子提供良好的采光。（图8A、图8B）

7厘米

17.5厘米

21.5厘米

12 测量避难所正面剩余的空间，用浅蓝色卡纸做一扇梯形的门。

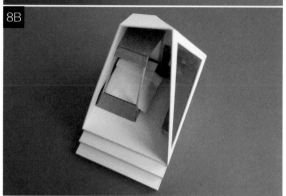

13 门把手是一个圆形的凸起，在浅蓝色卡纸上剪出符合门比例的圆形，然后粘在门上。（图9）

14 可以使用一个对折的长方形作为门铰链，粘在门的外部或内部，再将门安装到避难所上。门铰链应该作为一个支点，固定在你想让门摆动的那一侧。（图10）

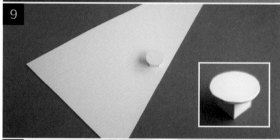

15 门要能很好地关闭，为居住在里面的人提供安全的环境。（图11）

16 将避难所放在具有草地质感的纸上。用卡纸做一条通往门口的石子路。（图12）

门铰链

17 观察阳光和空气是如何进入避难所里的。你创造出了一处干净、明亮、安全和舒适的空间。（图13A、图13B）

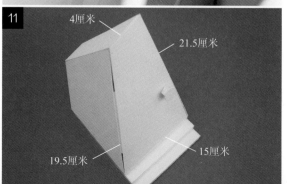

4厘米

21.5厘米

19.5厘米

15厘米

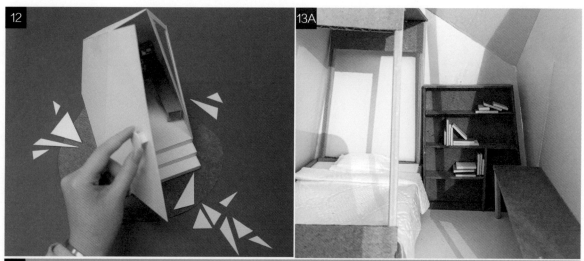

 给成人的提示: 流离失所和移民是全球性的问题。在完成实验后,可以讨论一下移民如何为了安全或生存机会而搬迁到不同国家的经历。我们可以为移民创造哪些空间和条件?我们如何帮助世界上正在经历这些的孩子们?

实验24　气候与家园

人们一直对实验性设计很着迷，本实验的重点是**建造能与环境相协调的房子**。在潮湿的亚热带气候中，未来风格的玻璃穹顶房屋可能是理想的选择。你建造的穹顶将提供可控的气候，保护人们在不被雨淋的同时，还能够获得阳光，以照亮自给自足的温室。

建筑需要与环境协同工作，但不存在某种放之四海而皆准的解决方案。气候、文化和一系列的建筑条件产生了不同的机会和限制。在你完成穹顶后，想一想它在哪些地方会有好的效果。然后思考你可以如何调整设计，或者做一个全新的穹顶以适应不同的地方。

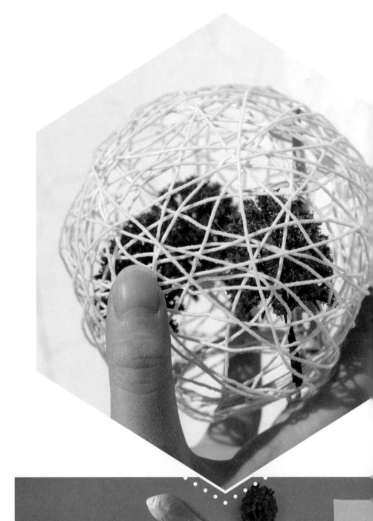

实验材料

→ 白色的绳子（直径1.5毫米）

→ 充气气球

→ 剪刀

→ 美工刀或雕刻笔刀

→ 白胶

→ 绿色纸

→ 冰棒棍

→ 水

→ 带叶的小树枝

实验步骤

① 将气球充气至直径约10厘米。（图1）

② 混合以下比例的材料，用冰棒棍搅拌均匀：

- $\frac{1}{4}$杯（60毫升）白胶
- 3汤匙（45毫升）水

如果黏性不够，可以在混合物中加入更多的白胶。

③ 剪5根绳子，每根长50厘米，将它们浸泡在混合胶水中。将绳子缠绕在气球上，直到覆盖得足够多，成为一个绳网，然后把它晾干。完全干燥后，它会变得很硬。（图2）

④ 用美工刀在绳网的缝隙中小心翼翼地刺破气球。绳网仍会保持原有形状。（图3）

⑤ 从绳网中间移除掉扎破的气球。试着用手指在绳网的底部拉开一个洞。（图4A、图4B）

（下一页继续）

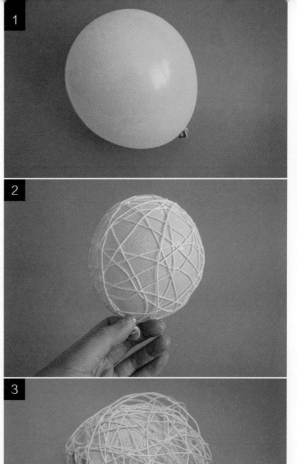

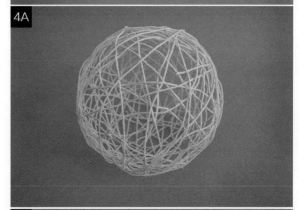

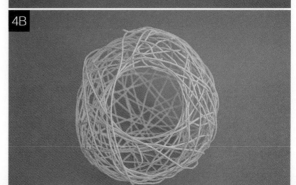

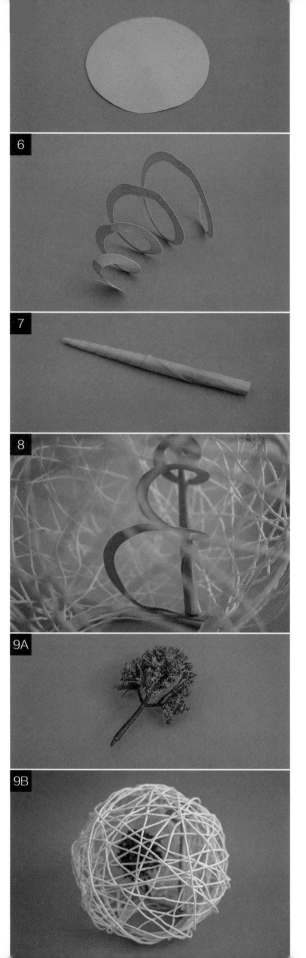

6 在绿色纸上剪一个直径为6.5厘米的圆。（图5）

7 在绿色的圆形上剪出一个螺旋形作为斜坡——从圆心开始剪，逐渐向外螺旋式移动。

8 拉伸螺旋，使之成为一个坡道。（图6）

9 下一步，将螺旋形坡道放在穹顶内。把坡道粘在底座或绳网上，用绿色纸卷一个纸筒，将其顶部与绳网粘在一起。用纸筒撑起坡道，把它拉长，让它从上到下层绕着纸筒下垂。（图7）

10 把小树枝放在绳网里面，代表你在穹顶里种植植物。（图8）

11 可以在穹顶里放置更多的树枝，从而获得更多的绿化景观。（图9A ~ 图9C）

 给成人的提示： 这个实验的挑战是气球被扎破取走后，变硬的绳网能否保持原来的形状。拆除气球时要小心，以免因不小心移动绳子而破坏绳网的形状。

实验25 全球危机下的安全之家

在地下建房是最古老和最原始的生活方式之一，也是一种创造安全空间的有效设计。地下建筑可以抵御破坏性的力量，如冲突或战争、自然灾害和核事故。本实验将带你规划安全之家，让你的家人和朋友都可以在地下生活。

这种类型的房子将被土壤包围，它必须防水且十分坚固，这样泥土的压力才不会让建筑坍塌。在完成房屋的建造后，想一想过去人们是如何在地下生活的。再想象一下，如何将这种设计应用于月球或火星，创造出拥有安全结构的月球或火星基地。

实验材料

- → 白色卡纸（1毫米厚）
- → 蓝色卡纸（1毫米厚）
- → 塑料容器
- → 美工刀或雕刻笔刀
- → 轻质黏土
- → 泥土
- → 彩纸
- → 铅笔
- → 白胶
- → 蓝丁胶或透明胶带

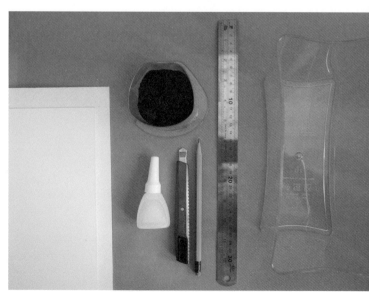

实验步骤

1 你的模型将按照地下避难所的剖面视角来制作，就像把建筑切成两半，这样就可以看到建筑的内部。

2 准备好避难所所处的土地，在蓝色卡纸上描画出塑料容器的轮廓。（图1）

3 在其中的一侧边缘上剪出两个切口。将其中一个切口当作天窗和通风口，让阳光和空气进入；将另一个切口当作入口。（图2）

4 在入口上方建造一个带有屋顶的四面掩体。这将保护入口不受污染，提供安全保障，避免有害要素进入。（图3）

5 在白卡纸上剪出避难所的墙和地板。

6 这个避难所位于地下，因此你需要将墙从天花板向上延伸，连接天窗和地表入口（浅蓝色卡纸上的两个切口）。在天花板上，描画并剪出两个屋顶开口（天窗和门洞）。然后剪出延伸的墙壁，将两个开口连接在一起，以避免泥土进入避难所。（图4）

7 把所有白卡纸部件都粘在一起，组成避难所的地下结构。（图5A、图5B）

（下一页继续）

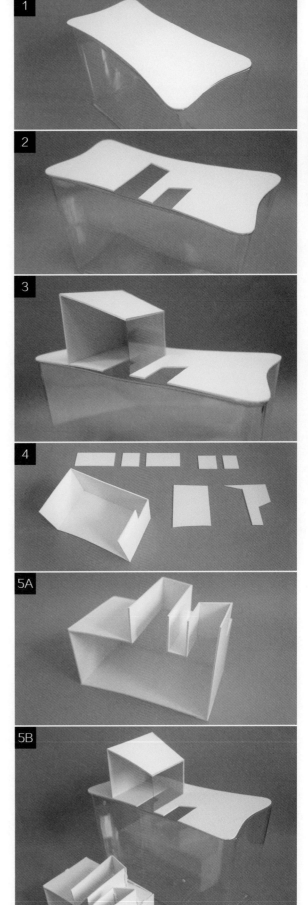

8 将避难所放入塑料容器里,确保屋顶与塑料容器的开口持平。使用蓝丁胶或透明胶带固定位置,用这种材料固定方便拆卸。(图6)

9 用黏土制作沙发和桌子的模型。(图7)

10 可以用彩纸剪出地毯、快速通道和梯子。(图8A、图8B)

11 在所有室内元素都做好之后,将它们放入避难所里。(图9)

12 将完成的避难所放入塑料容器里,固定位置。

13 用泥土填满容器。(图10)

14 用蓝色卡纸盖住已填充好的容器的开口。(图11)

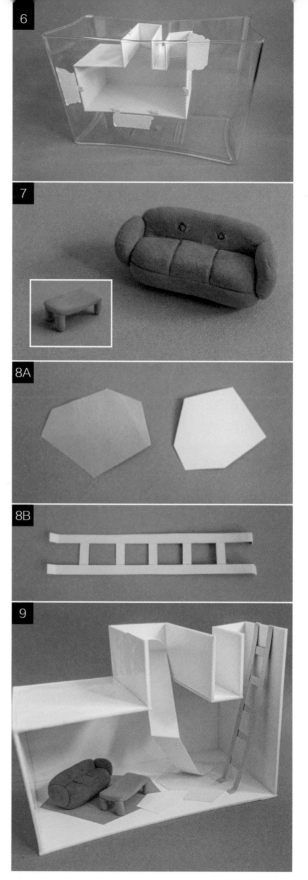

 给成人的提示： 这个实验能帮助孩子思考：如何为挑战性的环境做准备，如何为正常生活的中断或困难情况做准备，可以做哪些事来提高在灾难中的生存能力，如何才能提出绝妙的解决方案，改善我们的日常生活并适应变化。

实验26 博物馆的未来

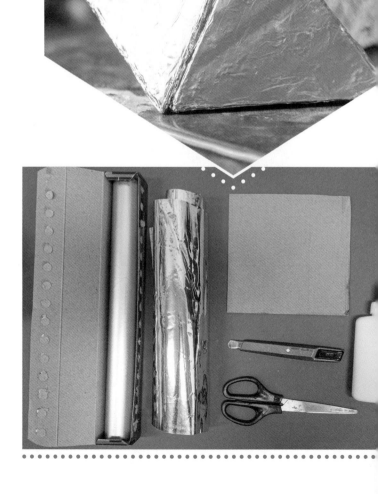

一般来说，**博物馆**是一个吸引人们进入的标志性建筑，有些博物馆强大到足以吸引数十亿的参观者。但是，随着数字内容通过手机和设备将世界带到我们身边，我们认为博物馆的未来应该是虚拟世界与实体世界的融合。

本实验中建造的博物馆是一个展示装置，它可以组成一座建筑也可以重新布置成景观中的元素。建筑表面结合了不同的屏幕和一个灵活的面板系统。有趣和古怪的形状与周围的空间融为一体，可以轻松展示任何东西。我们将把它们做成四面体的金字塔形状，即由4个等边三角形组成的三维立体形式。

实验材料

→ 铝箔   → 瓦楞纸板

→ 铅笔   → 圆棍

→ 剪刀   → 直尺

→ 美工刀或雕刻笔刀   → 白胶

实验步骤

1 在瓦楞纸板上绘制并剪下4个等边三角形，三角形的每条边长6厘米。（图1）

2 将这些三角形粘起来，组成一个四面体。（图2）

3 再做4个四面体，用铝箔把它们包起来。你可以用一根圆棍滚压铝箔，在四面体的表面上制造出不同的纹理，也可以折叠铝箔来创造出折痕纹理，甚至可以把铝箔揉成团，制造出粗糙的表面纹理。（图3）

（下一页继续）

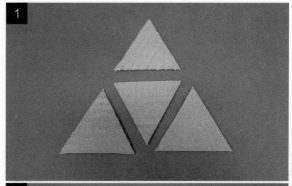

④ 每种表面纹理（光滑的、褶皱的、撕裂的）至少做一个，随机地覆盖在四面体上。（图4A～图4D）

⑤ 发挥你的想象力，将四面体摆成各种有趣造型。你可以把它们想象成艺术装置，被放置在许多地方，人们可以聚集在它周围观看展览。它们与周围的环境交相辉映，形成一场艺术展览。金属表面也可以成为一个屏幕，在上面投射虚拟显示屏。（图5A、图5B）

5B

 给成人的提示: 伟大的建筑具有标志性和文化意义，吸引来自世界各地的游客参观。例如，弗兰克·盖里（Frank Gehry）设计的毕尔巴鄂古根海姆博物馆（位于西班牙），使一个安静的城市重新恢复了活力，充满了游客。但是，诸如大流行病等事件可能会突然改变人们的到访方式，限制人们的停留。当这些建筑不再有那么多游客参观时，我们可能需要探索不同的展览形式。

5A

117

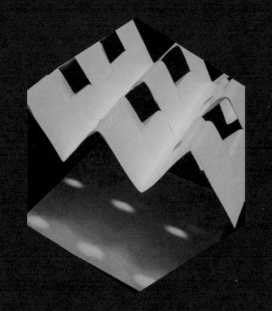

5 城市规划

通过城市规划，建筑师可以鼓励人们在城市中采用健康的生活方式，使城市更宜居。虽然有时我们很难让城市满足一切愿望，但需要关注每个人的需求。

本单元探讨了城市规划中的不同要素，包括交通、密度、建筑高度、空气流通、公共设施、阳光、功能分区、历史和可达性。看看你现在居住的城市，或者你附近的城市，甚至是遥远的城市。这个城市多年来是如何发展的？为什么有些社区很密集，而有些则很分散？当下是如何为城市的未来发展创造条件的？

在你对所选择的城市有了更好的了解之后，可以进行下一步操作——把自己想象成你所选择的城市的规划者和市长，你要为这个城市做出决策、规划和设计，并对市民解释这么做会成功的理由。向你的朋友和家人介绍你的想法，就像他们生活在这座城市里一样。然后听取他们的意见，改进你的想法。

实验27 1信封城市

城市会给人留下很深刻的印象，例如里约的著名雕像、纽约市的城市天际线、迪拜的高楼以及卡萨布兰卡的白色建筑群。著名的历史建筑往往向我们展示了本地的气质，诉说着城市的雄心和在那里居住的人们的生活方式。

在本实验中，你会留意到所在城市的地标建筑，研究城市中所有的著名场所。本实验中使用的图片就是以本书作者团队的家乡——中国香港为例来进行创作的。跟随步骤说明，画出你所在的城市。你将学习如何用简化的方式表现著名的地标建筑，以便让其他人能够辨认出它们。你还将学习如何在地图上把它们放在一起，用它们来讲述故事。

实验材料

→ 20个白信封（可回收使用已用过的）

→ 彩纸

→ 彩色笔

→ 白胶

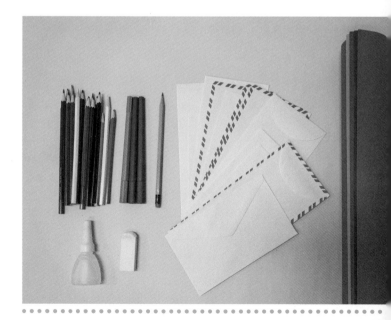

实验步骤

1 搜集你所在城市中的著名建筑，从中选择5个大家都熟悉的建筑，例如会展中心或某个著名的高塔。再选择你个人喜欢的5个建筑，例如你的家、学校或图书馆。从网络上找到这些建筑的图片，或实地去参观这些建筑。

2 在信封上绘制出上述简单和有趣的建筑造型。（图1）

3 你不需要精确地画出建筑，重要的是画出建筑的特点。如果建筑有着倾斜的屋顶或者非常特殊的造型，请在画中表现出来。

4 从建筑的轮廓开始画，一步一步慢慢地增加建筑的细节。不要担心每一扇门或每一扇窗户画得是否正确，只要你能通过图画轻松地认出这个建筑就可以。（图2A～图2C）

（下一页继续）

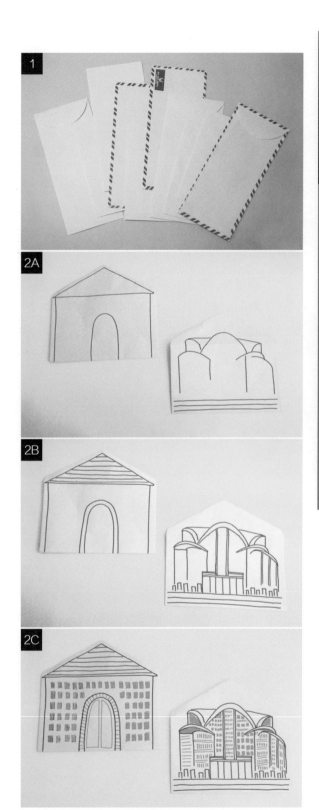

⑤ 画完10座建筑后，把它们堆放在彩纸上。（图3）

⑥ 将它们组合起来，铺满整个纸面。把你认为最重要的建筑放在彩纸的中央，把其他建筑放在周围。（图4）

⑦ 绘制公园、道路和人行道来连接这些建筑。（参见第123页模板）在景观中增加树木、汽车和人等元素。现在，你拥有了一个城市的微缩景观，在这些空间里添加上你经常在街上看到的东西。（图5）

给成人的提示： 和孩子分享有意义的建筑——不仅仅是著名的建筑，例如警察局、消防局、医院和大学，这些建筑内设置的机构一直在影响着城市和生活这里的居民，但是这些建筑本身很少能成为一座城市的标志性建筑。调查这些建筑，更好地理解它们是如何以及何时被使用的，为什么它们会被布局在这里。研究作为公共场所使用的建筑，可以让孩子对历史、文化及其在日常生活中的重要性有更深的理解，并与之建立联系。

墙体和装饰

道路/步行道

公园

123

实验28 环境问题及其原因：角色扮演游戏

这是一个**模仿现实世界中大多数城市规划工作**的游戏。没有一个玩家能决定城市中所有的变化。相反，决定来自于一轮又一轮的讨论和研讨会，直到所有利益相关者都满意为止。

在本实验中，你将用罐子、盒子和瓶子来代表城市中的商业、住宅、机构和工业建筑。你需要不断地移动建筑，直到每个人都找到他们认为公平的视野、光照和空气。你需要不断地协商和重新安置建筑，直到得到一个能平衡不同人的声音的城市。在这个过程中，你们需要互相体谅，听取不同的意见。

实验材料

→ 3个玻璃瓶

→ 3个饮料罐

→ 3个食品罐

→ 2个纸盒

→ 白纸

→ 彩色的纸胶带（1.5厘米宽）

实验步骤

① 决定用哪些物品代表不同类型的建筑。例如，用玻璃瓶代表办公楼，用饮料罐代表住宅楼，用纸盒代表工业区，用食品罐代表机构（如学校、医院或商店等）。（图1）

② 4名玩家可以在户外一个阳光充足的地方开始游戏。先让每个人拥有一种类型的建筑。将每组建筑放置在白纸的一个角上。观察阴影是如何投射在白纸和建筑上的。建筑如果挨得太近，会让一些建筑无法得到光照。

③ 接下来，将建筑均匀地分布在白纸上，请注意，阴影不能再重叠在其他建筑上。这种均匀分布对建筑获得光照来说是非常好的。办公楼里的人们基本上可以直接看到对面的住宅楼。（图2A、图2B）

④ 建筑越高，其视野就越好。尝试将建筑放在彼此的顶部，询问每一栋楼的所有者：他们对光照和视野效果是否满意，是否想在更高的地方获得更好的视野。（图3A、图3B）

（下一页继续）

城市规划

环境问题及其原因：角色扮演游戏

5 在所有人对于建筑放置的位置达成一致，对光照和视野都满意后，建造一条路将建筑连接起来。（图4）

6 所有建筑都需要有道路连接。讨论一下，人们如何在两个建筑之间移动。例如，是否想在回家之前先穿过工厂去买东西？

7 在道路设计的协商过程中，要确保每个人对他们的建筑如何互相连接感到满意。使用彩色的纸胶带当作桥梁、道路和步行道。（图5A、图5B）

8 做最后的检查，确保你造的道路不会阻挡光照和其他建筑的视野。在完成道路建设后，再建造一座桥梁。继续协商，以此方式完成整个城市规划。（图6A、图6B）

 给成人的提示： 对公共空间进行开发要求建筑师和城市规划师与所有人对话，满足所有利益相关者的要求。努力达成共识，然后将由此形成的设计变化纳入其中，这样可能会使项目建设的时间增加几个月到几年，甚至可能需要十年才能完成。与孩子讨论你所在的社区或地区里可能引起争议的潜在项目。例如，想一想你可能会把新的公园建在哪里，谁会从这个项目中受益最多，谁可能被排除在外或受到负面影响，你将如何应对这些挑战。

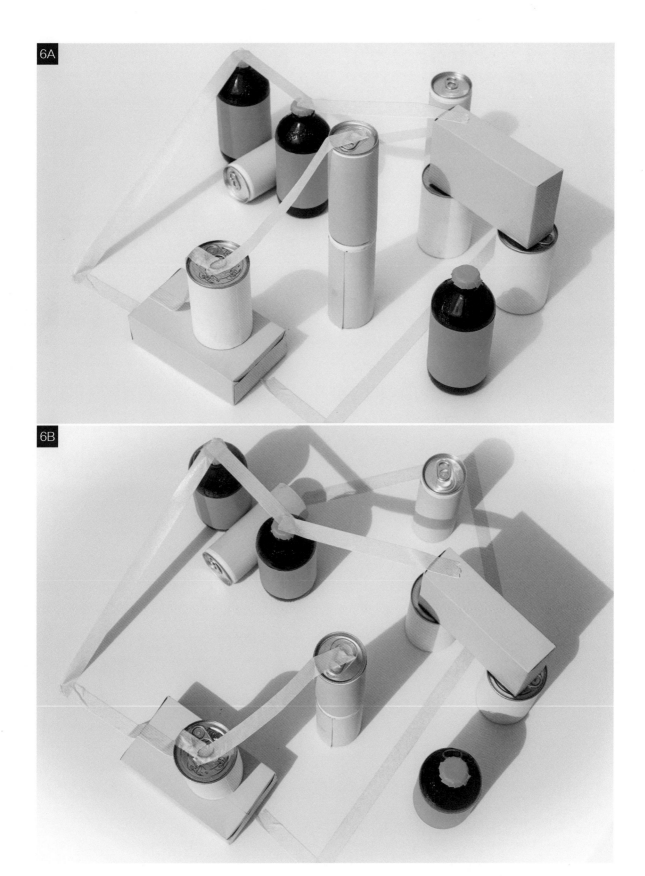

实验29 城市居住密度

世界各地的高楼大厦内功能越来越混合：一座楼里包含了办公、商店、餐厅、剧院和住宅等各种类型的功能。城市中有限的土地意味着我们在做建筑布局方面必须更具有创造性和实用性。在做规划时，必须时刻考虑空间的功能性。例如，黑暗的电影院被安置在邻近建筑的阴影下，而住宅则被安置在阳光充足的地方，从窗户可以看到美丽的风景。

在本实验中，你将用彩色的盒子来创造一座拥有混合功能的大楼。可以在盒子上画画，体现人们生活、工作和娱乐的场景。所有的盒子将通过电梯连接在一起。你可能会在一块商业用地上开始你的建造，然后逐渐增加住宅单元、公园和娱乐活动的空间。你的目标是在空间、位置、照明、噪音和景观之间找到良好的平衡。

实验材料

→ 彩色卡纸（5种颜色，每种颜色2张，信纸尺寸或A4尺寸）

→ 长条便签纸

→ 美工刀或雕刻笔刀

→ 直尺

→ 铅笔

→ 记号笔

→ 白胶

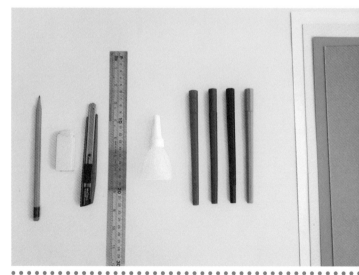

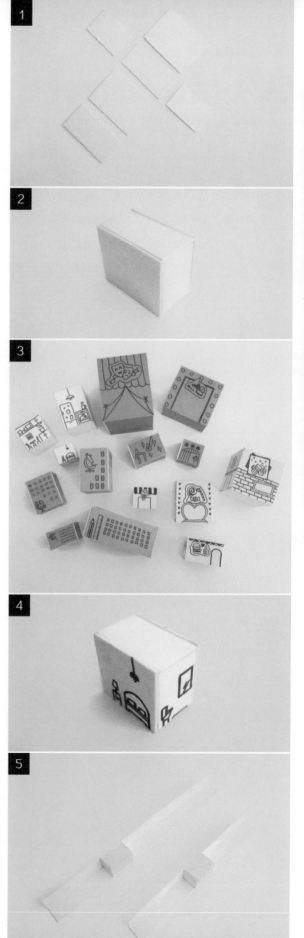

实验步骤

1 为每种类型的建筑或空间指定一种颜色。例如：

- 橙色=游乐场
- 绿色=办公室
- 蓝色=餐厅
- 白色=住宅

2 每个盒子由6个正方形或长方形组成。（图1）

3 制作大小不同的盒子，以代表具有同一种功能的不同规模空间。（图2）

4 每种颜色都要有（图3）：

- 一个超大盒子（3厘米×2厘米×2厘米）
- 大盒子（2厘米×2厘米×2厘米）
- 中盒子（1厘米×2厘米×2厘米）
- 小盒子（1厘米×1厘米×1厘米）

5 用黑色记号笔在盒子的4个面上画出代表功能的图案，从各个方向都能看到。（图4）

6 制作一个电梯轨道：剪出一个长8厘米、宽2厘米的长方形，将其对折成L形。再制作一个电梯盒子，尺寸为1厘米×1厘米×1.5厘米，用便签纸将其粘在电梯轨道上。（图5）

（下一页继续）

城 市 规 划

城 市 居 住 密 度

7 制作第二个电梯轨道，长度为15厘米。（图6）

8 按照你喜欢的排列方式把盒子摞起来。这是你的第一个高层建筑，确保它不会翻倒。（图7）

9 排列建筑，考虑一下在哪里会拥有更好的视野（通常情况下，更好的视野都位于建筑的顶部）。确定哪个区域需要最强的可达性，如果不使用电梯，最具可达性的位置是建筑的一层，商店或剧院可能希望被安置在一层。（图8A～图8C）

10 把你的设计想法展示出来，解释你的功能布局和如此配置的优势。建筑师每天都会这样做模型来展示他们的设计理念。想一想，还能在你的混合功能大楼中增加什么。一个空中餐厅怎么样？或者在你的住宅下方设置办公空间？探索不同的方式以满足人们使用每个空间的需求。始终牢记：要创造性地设计空间，以满足对各种功能的需要。（图9）

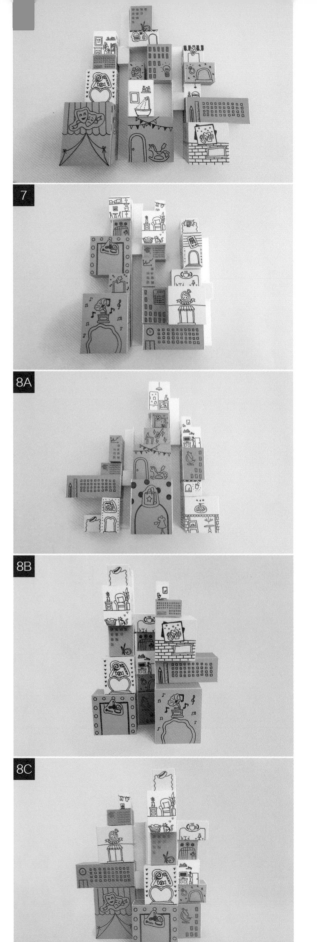

9

 给成人的提示： 混合功能建筑并不是新概念，但在世界上的一些地方却很罕见。传统的功能规划使建筑只能有单一的功能，比如完全是一栋住宅建筑，或者完全是一栋商业建筑。调查一下你所在地区的具有混合功能的建筑，然后带孩子去探访它们。在一天的不同时间里，混合各种功能意味着什么？人们如何以不同的方式使用建筑？如果你无法去探访这些具有混合功能的场所，可以在网上搜集信息，或者想象一下，如何用不同的方式改变单一功能的空间。

实验30 太阳能隧道

对太阳的研究可以**改善城市的黑暗空间，减少室内照明消耗**。隧道帮助人们穿过山脉、河流和建筑。隧道通常是漆黑可怕的，一个好的隧道屋顶设计可以让天窗捕捉到自然光，屋顶也可以成为捕捉太阳能的表面。

在本实验中，你将建造一个带有天窗的简单隧道模型，然后在一个黑暗的房间里用手电筒测试模型。为了证明隧道在整个白天都能够接受阳光，将使用夜光材料来制作这个模型，它们会记录下光线进入的位置，帮助你了解照明是如何被改善的。

实验材料

→ 直尺
→ 剪刀
→ 铅笔
→ 白胶
→ 手电筒

→ 夜光效果的胶带或颜料
　（如曝光2小时后可以持续发光4小时）
→ 2张白色卡纸
→ 1张黑色卡纸

给孩子的建筑设计实验室

132

实验步骤

1 用一张尺寸为12.5厘米×30厘米的白色卡纸制作一个三角形屋顶。沿着卡纸的短边折叠5次，每次宽度为5厘米。卡纸被分成6块，形成3个三角形。用铅笔沿着卡纸的长边画5条平行线，相邻两条线间隔2.5厘米。（图1）

2 沿着图2中指出的红线，用铅笔加深，它们位于三角形的凹处，5厘米长。这些将是屋顶的开窗。

3 沿着铅笔加深的线将纸剪开，再将三角形较小的部分向上弹出，使其形成一个向上的小三角形。小三角形的侧面开口就是天窗。（图3）

4 沿着卡纸的长边贴上夜光胶带，从一侧开始，慢慢向另一侧移动。（图4）

5 小心地将胶带沿着三角形屋顶移动，确保卡纸和胶带之间严密贴合。这样完成的屋顶将是隧道的顶部。（图5）

6 取一张尺寸为12.5×18厘米的卡纸，其中一面用夜光胶带完全覆盖。这将是隧道的底部。（图6）

（下一页继续）

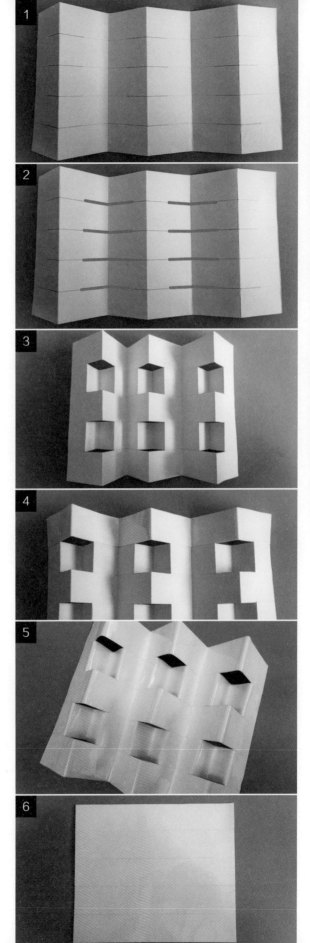

7 参照图7，用黑色卡纸制作隧道的墙壁。注意，与三角形屋顶连接的一侧墙壁要与三角形屋顶的形状相匹配。

8 将隧道墙壁与底部粘合在一起。（图8）

9 将隧道墙壁与屋顶粘合在一起。这个隧道基本上只有一面开口，其他各面都用墙壁和底部封闭。这个开口有助于你观察内部的光线情况。（图9）

10 带着你的模型和手电筒进入一间黑暗的房间。

11 模型的开口一面远离你的手电筒。将手电筒光想象成是太阳，沿着太阳移动的弧度来移动手电筒。（图10）

12 关上手电筒，旋转隧道。顶部和底部的夜光纸上应该显示出所有被手电筒光照射到的区域。（图11）

13 用不同的光线角度重复这一步骤，观察地板发亮的程度。如果调整了天窗的位置，是否会有更多的光线进入隧道？继续找出太阳光在什么角度和天窗的什么位置时，光线进入隧道最多。地板上的夜光图案最终应该显示出一个均匀分布的图案和明亮的斑点。（图12）

14 水平的屋顶会遮挡所有的阳光，而三角形的屋顶则可以提供更多的阳光。试试长方形、菱形或圆形的屋顶，看看不同的光线进入角度是如何为室内增加或减少照明消耗的。

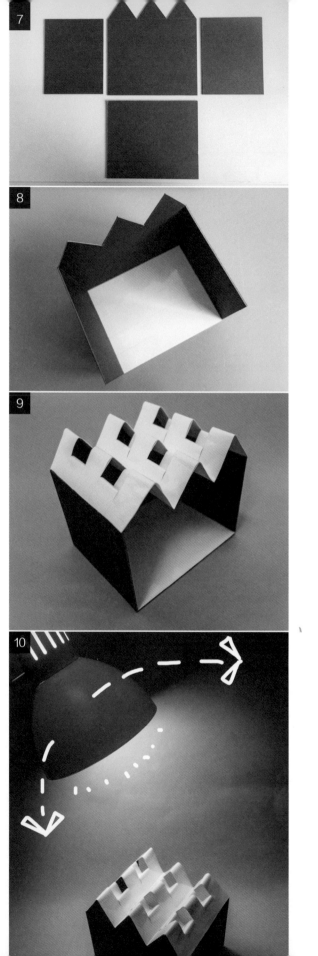

给成人的提示: 城市中的太阳角度是一个有争议的话题,关键在于找到正确的平衡点。如果你住在一个建筑密度很高的城市,可以带着孩子去参观最窄的街道和隧道,体验大楼之间或建筑下方的空间有多暗。有些树木在这种情况下依然可以生存,它们可能是接受了从大楼中反射出来的光,你可以留意一下这些树木种类有哪些。阳光与城市中的建筑网格相遇,会产生一种被称为"曼哈顿巨阵"(Manhattan henge)的现象。

　　太阳能电池板对光照的要求最小。最理想的情况是,太阳能电池板得到足够的光用来发电,人们就可以少付电费。为了做到这一点,太阳能电池板需要足够的光照,而建筑的拥有者也需要回收投资。我们可以仔细计划一下,充分利用电池板的能力,使其可持续发展。

术语表

建筑类型学：具有特定用途的不同类型的建筑。

分区：由政府划分的具有特定功能的土地。

住宅区：人们居住的地方。

商业区：人们工作的地方。

工业区：从事生产活动的地方。

机构区：与教育、娱乐和医疗有关的建筑。

仓储建筑：通常是存储大量不同东西的建筑。

混合功能：能够同时拥有居住和办公功能的建筑，例如底层为商店上层为公寓的建筑。

屋脊：屋顶的两个坡度交汇处，屋顶的最高点。

弯曲：由于受到非常大的重量（压力）且压得不平整而导致的变形。

拉伸结构：通过拉动或拉伸形成的结构。

桁架：一个由三角形构件连接组成的结构框架，它可以支撑建筑的重量（如楼板、屋顶、天花板等）。

立面：不同的侧面。

增热：由附近材料或表面（如地板墙壁或天花板）的额外热量而导致空间温度升高。

本土：来自某个地方最原始的。

室内水培法：一种不使用土壤而使用水的农业和植物种植方法。

放养：一种耕种方式，给动物大量的土地，使其不受限制地自由活动，而不是被局限在一个很小的空间里。

绿色屋顶：有土壤（生长介质）和植被覆盖的建筑的屋顶。

迭代设计：一个创新、测试和完善设计的过程。每一个新版本的设计都是基于之前的设计所带来的变化和改进。

测量：对某一事物进行尺寸的测量并给予测量单位（如长度、重量、高度、深度等）。

勘测：建筑师用来收集和记录项目重要信息的一种方法。

枢轴：围绕一个固定的中心点进行旋转或转动。

心理学：研究心理现象、意识和行为。

退线：政府基于效用、人们的利益、防止土地过度拥挤等方面的要求，告诉土地所有者、建造商和开发商，建筑物应该离地产边界线多远。

天际线：景观和建筑物的边界在天空中形成的造型。

空中飞机视角：建筑形体自下而上逐渐收缩，这样就不会在楼下的街道上因阴影而造成"黑暗峡谷效应"。

利益相关者：对某种活动或操作感兴趣而参与其中，并积极参与决策过程的个人或团体。

胡娟怡（CRYSTAL HU）是一名设计师，毕业于中国香港理工大学设计学院。她热衷于探索人类与环境的空间关系，从事与儿童相关的工作，并相信孩子"在游戏中学习"的理念。

埃莉诺·蒙泰富斯科（ELEANORE MONTEFUSCO）是美国纽约长岛的景观建筑师。她从小就被艺术、自然和科学所吸引。景观设计——从城市设计、LED设计到多单元住宅设计，这门提供多样化设计体验的专业，成了她完美的职业选择。她是自己公司的创始人，在继续从事该行业的同时，她与丈夫和两个年幼的儿子在工作、生活和游戏之间取得了完美的平衡。

奇安弗兰科·加拉格（GIANFRANCO GALAGAR）是一位来自菲律宾的建筑师，是Avoid Obvious团队的一员。该团队最近完成了香港第一个采用水培和气培系统的教育与健康城市农场"K-农场"的建设。他喜欢并擅长为各种项目提供能够提升可达性和连接性的创意性概念设计方案。他的作品最近入围了韩国汉江步行网络建筑设计竞赛。

龍欣妍（KRYSTAL LUNG）是一位来自中国香港的建筑师，她热衷于环境可持续的设计和创造自维持的生活环境，以应对气候变化的影响。

梅根·布思（MEAGAN BOOTH）是一位来自美国犹他州法明顿市的城市规划师。她毕业于犹他大学，获得城市规划学士学位。在校期间，她因在犹他州斯普林岱尔的工作而获得了美国心理学协会（APA）奖，并成为该组织的志愿者大使。同时她也是"小城漫步"的创始人，与孩子们一起进行社区漫步，以关注大规划原则。她热衷于小镇规划、历史保护、小径开发、有趣的社区中心开发、公众参与，当然，还有和孩子们一起工作。

陈曼熙（MELISSA CHAN）是一位来自中国香港的建筑设计师。在从事空间设计工作的同时，她还致力于发展她的BIM技术和关于在行业内鼓励智慧、开放、可操作性的工作流程的专业知识。

黄睿嘉（MICHELLE WONG）是一位模型制作者。她毕业于中国香港演艺学院，获得了艺术学士学位，主修戏剧布景和服装设计。她喜欢在剧院工作以及与艺术有关的工作，她能够绘画、制作手工艺品和服装。

施卢蒂·胡赛因（SHRUTI HUSSAIN）是建筑师、记者和研究员。对城市化社会科学和通信的交叉领域有着浓厚的兴趣。她在印度浦那生活，曾在欧盟和DAAD项目中与浦那大学合作，曾担任建筑与施工杂志《质量边界》的编辑。

萨拉·艾尔胡赛尼（SARA EL-HUS-SEINY）是阿拉伯科技学院建筑与环境设计系兼职教学助理。她拥有环境行为学工科学位，论文题目为《开罗儿童游戏空间的人种学研究》。她对儿童友好型城市中的儿童空间体验以及儿童的权利和教育感兴趣。

关于作者

陈启豪（Vicky Chan）是一位中国香港的建筑师。他在纽约和中国香港成立了公司，一直在推动可持续建筑和城市，关注将绿色建筑与艺术结合在一起。他组建了一个志愿者组织"给孩子的建筑学"，已经向超过6 000名孩子教授了可持续设计与建筑学。他相信如果孩子们能够更多地具备创造性和可持续发展的思维，我们的未来将更加光明。他曾在2020年担任美国建筑师协会（AIA）中国香港分会主席。

致 谢

这本书写于2020年新冠病毒感染疫情期间。分散在8个城市中的许多人不分昼夜地在特殊的条件下工作，共同完成了这本书。我想特别感谢胡娟怡、奇安弗兰科·加拉格和黄睿嘉提出的宝贵意见。我们关心儿童和他们的未来，我们希望这本书能够让孩子和家长看到设计思维是如何解决全球问题的。

"教孩子建筑学"这个想法由佩姬·费金（Peggy Feagin）在2003年提出。是她启发了我们，我们希望读到这本书的成人也能够受到启发，在他们当地的学校教授建筑学。让我们一起进行改变和创造。

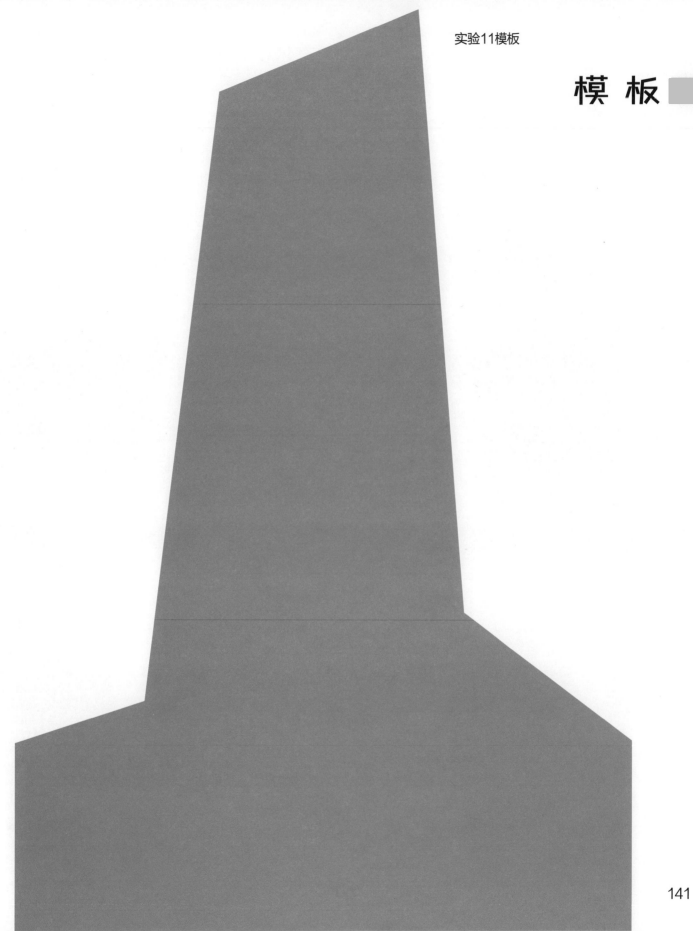

模 板

图书在版编目（CIP）数据

　　给孩子的建筑设计实验室/陈启豪著；李淳，高爽
译．—上海:华东师范大学出版社，2023
　　ISBN 978-7-5760-4468-3

　　Ⅰ.①给… Ⅱ.①陈… ②李… ③高… Ⅲ.①建筑设
计－儿童读物 Ⅳ.①TU-49

　　中国国家版本馆CIP数据核字（2024）第014515号

Adventures in Architecture for Kids:20 Design Projects for STEAM Discovery and Learning
by Vicky Chan
© 2021 Quarto Publishing Group USA Inc.
First published in 2021 by Rockport Publishers, an imprint of The Quarto Group
Text © 2021 Vicky Chan
Photography and illustration © Michelle Wong, Crystal Hu, Gianfranco Galagar, and Vicky Chan
Simplified Chinese translation copyright © East China Normal University Press Ltd., 2024. All Rights Reserved.

上海市版权局著作权合同登记　图字：09-2021-1065号

给孩子的实验室系列
给孩子的建筑设计实验室

著　　者　陈启豪
译　　者　李　淳　高　爽
责任编辑　沈　岚
责任校对　姜　峰　时东明
装帧设计　卢晓红　宋学宏

出版发行　华东师范大学出版社
社　　址　上海市中山北路3663号　邮编　200062
网　　址　www.ecnupress.com.cn
总　　机　021-60821666　行政传真　021-62572105
客服电话　021-62865537
门市(邮购)电话　021-62869887
地　　址　上海市中山北路3663号华东师范大学校内先锋路口
网　　店　http://hdsdcbs.tmall.com

印 刷 者　上海当纳利印刷有限公司印刷
开　　本　889毫米×1194毫米　1/16
字　　数　121千字
印　　张　9
版　　次　2024年3月第1版
印　　次　2024年3月第1次
书　　号　ISBN 978-7-5760-4468-3
定　　价　68.00元

出 版 人　王　焰

(如发现本版图书有印订质量问题，请寄回本社客服中心调换或电话021-62865537联系)